U0878250

珍稀食用菌栽培技术

丁 洋 刘永香 郭 惠 李洪忠 主编

金盾出版社

内 容 提 要

本书详细介绍了邹城市近年来成功种植的珍稀食用菌品种栽培技术，包括培养料配制，菌种培育与使用，栽培设施，消毒灭菌，接种，培养温度、湿度、空气、光照等气象因子的协调，病虫害防治及部分品种贮藏加工等方面的知识。针对不同珍稀食用菌的栽培特点，分十一章进行了详细阐述，包括榆黄蘑、黑皮鸡枞菌、海鲜菇、秀珍菇、玉木耳、鸡腿菇、大球盖菇、白灵菇、茶树菇、草菇和双孢菇共11种珍稀食用菌；最后一章重点讲解了适用于工厂化栽培食用菌的菌种生产相关内容。

图书在版编目（CIP）数据

珍稀食用菌栽培技术 / 丁洋等主编. -- 北京：金盾出版社，2024. -- ISBN 978-7-5186-1798-2

Ⅰ. S646

中国国家版本馆CIP数据核字第2024UQ7270号

珍稀食用菌栽培技术

ZHENXI SHIYONGJUN ZAIPEI JISHU

丁　洋　刘永香　郭　惠　李洪忠　主编

出版发行：金盾出版社	开　本：710mm × 1000mm　1/16
地　址：北京市丰台区晓月中路 29 号	印　张：13
邮政编码：100165	字　数：220 千字
电　话：（010）68276683	版　次：2024 年 9 月第 1 版
（010）68214039	印　次：2024 年 9 月第 1 次印刷
印刷装订：北京凌奇印刷装订有限公司	印　数：1 ～ 500 册
经　销：新华书店	定　价：38.00 元

编 委 会

主　　编	丁　洋	刘永香	郭　惠	李洪忠
副 主 编	郭月玲	王春英	亓瑞彤	张　艳
	韩西红	盛春雨	刘云虎	刘传花
	王　霞	赵玉艳		
编　　著	（以姓氏笔画为序）			
	丁　洋	王　霞	王春英	亓瑞彤
	刘云虎	刘永香	刘传花	李洪忠
	张　艳	赵玉艳	郭　惠	郭月玲
	盛春雨	韩西红		

前　言

食用菌是指具有可供人类食用的、能形成大型子实体的所有真菌的总称，是一类重要的真菌食品。食用菌是难得一见的“两高四低”食物，其中两高是指高蛋白、高营养，四低是指低盐、低糖、低脂、低热，同时还富含维生素、矿物质和纤维素等对人体有益的物质。不仅具有食用价值，还具有药用价值，是兼有荤素两者之长的高档食材，有“植物性食品的顶峰”“素中之荤”的美誉。此外，在生产过程中几乎无须喷药施肥，是绿色保健食品的典范，对于提高人体免疫力有重要作用，被国际营养学家推荐为“世界十大健康食品”之一。

食用菌产业具有不与人争粮、不与粮争地、不与地争肥、不与农争时、不与其他产业争资源的“五不争”优势。我国是传统的食用菌生产大国，香菇、平菇、木耳等产量居世界第一。随着人们消费观念的转变和膳食结构的改善，人们对食物的要求向“营养、保健、绿色”方向发展，而食用菌产品正是迎合了人们的这种需求而备受青睐。从全球发展趋势看，国内外市场对食用菌产品需求量将越来越大，食用菌产业发展空间广阔。目前，食药用菌产业已是中国农业继粮食、蔬菜、果树、油料之后的第五大产业。

我国食用菌产业在增加产量的同时，更加注重提高质量、保证安全，食用菌生产从数量增长型向质量效益型转变。在产品结构上，发展优势产品，开发珍稀品种；在生产技术上，向机械化、集约化方向发展；在生产经营上，转型走精深加工的道路；在产品流通上，发展专业批发市场，在大中城市建立配送中心和连锁店；在食用菌消费上，努力宣传食用菌产品的健康营养；在对外出口贸易上，拓宽出口渠道，扩大国际交流合作。可见我国食用菌产业正稳步走向世界。

从国内政策导向看，党的二十大报告中提出“加快建设农业强国，扎实推动乡村产业、人才、文化、生态、组织振兴”，这对推进农业现代化具有重大战略意义。国家实施高质量发展战略、乡村振兴战略，发展循环经济、绿色生态农业，早已将食用菌产业列为提倡大力发展的“优势特色产业”之一。在一系列利好战略、政策的综合刺激下，食用菌产业必将开启新一轮的跨越式发展。

我国是世界上最早进行食用菌人工栽培的国家，食用菌栽培类型多、产量大。所谓“珍稀食用菌”属于一个相对的概念，是指随着食用菌产业的发展，通过引进、驯化等途径，生产出的一类具有较高价值的食用菌，因其产量少而被冠以珍稀二字。我国珍稀食用菌根据栽培方式的不同可以分为可人工栽培、半人工栽培和野生三种类型，常见的有双孢菇、黑皮鸡枞、羊肚菌、白灵菇等。山东省邹城市食用菌发展迅速，已实现多个品种珍稀食用菌的工厂化生产，采用工业化技术手段，在环境可控的设施条件下，组织高效率的机械化、自动化、流水化作业，实现食用菌的规模化、集约化、标准化、周年化生产，这也是未来食用菌产业的发展方向。

邹城市（县级市）位于山东省西南部，是中国古代著名思想家、教育家孟子的故里，素有“孔孟桑梓之邦，文化发祥之地”之美誉。邹城作为全国百强县、中华农耕文化的重要发源地，食用菌产业是其多年来举全市之力重点培植的一项强市富民产业。经过多年发展，到2023年，邹城市食用菌年累计种植总面积达2 600万米^2，年产鲜菇达38万吨，涉及金针菇、杏鲍菇、双孢菇、海鲜菇、黑皮鸡枞、香菇、蟹味菇、玉木耳等20余个名优品种。“邹城蘑菇”先后被评为中国农产品区域公用品牌（产业）、全国绿色农业十佳蔬菜地标品牌、2019中国农民丰收节“最受市场欢迎名优农产品”、2021中国食用菌行业“具公共性卓越品牌”，并位列首批“好品山东”品牌名单之内，成功入选世博优品品牌名录。而邹城市则先后荣获了全国小蘑菇新农村建设先进市、全国食用菌十大主产基地、全国食用菌生产示范市、国家食用菌产业技术体系示范市、全国信用食用菌主产区、第五批山东省特色农产品优势区等荣誉称号。中国工程院李玉院士曾给予了这样的评价：“邹城应该说是在中国的食用菌行业里头是个排头兵，引领了中国食用菌的产业”。

为向广大栽培者指导生产实践，普及食药用菌高效生产实用技术，进一步推进邹城市特色食用菌产业规模化、标准化、智能化发展，巩固邹城食用菌强市地位，将食用菌产业培植成为带动乡村振兴的支柱产业，笔者参阅、借鉴了蔡德华、张金霞、谭琦、王贺祥、宋金俤、宫志远、万鲁长、任鹏飞等著名食用菌专家的研究资料，结合我们的实践经验，编写了《珍稀食用菌栽培技术》

一书，讲述了十一种珍稀食用菌的栽培技术相关的知识，部分品种还介绍了采后加工与食用、贮运销售等方面的知识。

由于食用菌仍是个新兴产业，部分珍稀食用菌的种植模式还在摸索探讨阶段，有些基础理论和应用研究不甚透彻，笔者掌握的资料尚不全面，加上编者水平有限、时间仓促等原因，书中若有不妥之处，敬请广大读者批评指正。

编 者

目录

第一章　榆黄蘑

第一节　概　　述

榆黄蘑又名金顶侧耳、金顶蘑、玉皇蘑，形似一朵美丽的鲜花，艳丽美观（图1–1）。榆黄蘑夏季生长于榆树的枯木、伐桩上，是长白山、大小兴安岭地区经常采摘的野生菌之一。榆黄蘑味道鲜美、香味浓郁、营养丰富，在国内国际市场上都很抢手，生产和经营效益比较可观。但由于榆黄蘑质地脆嫩易碎，货架期短，包装运输不便，以及烹饪加工后易褪色，使得其规模化生产受到了限制。

图1–1　榆黄蘑

一、形态特征

榆黄蘑子实体中等大小，多丛生或簇生，菌盖为光滑漏斗状，边缘内卷，直径3～10厘米，呈草黄色至鲜黄色。菌肉白色，菌褶延生，稍密，不等长。菌柄白色至淡黄色，侧生，长2～12厘米，粗0.5～1.5厘米，通常基部相连。孢子白色，光滑，孢子印也呈白色。

二、应用价值

榆黄蘑肉质脆嫩，富含蛋白质、维生素、矿物质等多种营养成分，其中氨基酸含量尤为丰富，且人体必需氨基酸含量很高，据测定每100克榆黄蘑干品中含氨基酸20.13克，属于高营养食品。但榆黄蘑热量又很低，长期食用可降低血压和胆固醇，是老年人、心血管病患者和肥胖症患者的理想食品。

三、生长发育条件

榆黄蘑生长力强、出菇快、生长期短、产量高，既可段木栽培，也可袋料栽培。菌丝生活力强，可在榆树、杨树、桦树、椴树、水曲柳、槐树等阔叶树锯屑培养基上生长发育；也可在红松、沙松、鱼鳞松、杉、柏等锯屑培养基上生长发育，不过产量很低；还可在棉籽壳、废棉、玉米芯、花生壳、豆壳、麦秸、稻草、茶渣以及栽过草菇和蘑菇的废培养料上生长发育。其中，以棉籽壳、废棉和玉米芯栽培榆黄蘑的产量较高。菌丝生长发育温度范围为7～32℃，最适生长温度为23～27℃，在45℃以上环境中超过2小时菌丝即死亡，但能忍耐-38℃低温。子实体形成温度为10～28℃，最适生长温度为15～25℃。pH值5.0～7.0环境下都能生长，以pH值5.0～6.5最适宜。

（一）营养

榆黄蘑是一种木腐菌类，具有较强分解木质纤维素的能力。栽培中常使用木屑、玉米芯、棉籽壳、麦草、稻草等作为碳源，使用米糠、麸皮、玉米面等作为氮源。

（二）温度

榆黄蘑属于中温偏高型菇类，菌丝在5～35℃的范围内均可生长，其最适生长温度为20～30℃；子实体原基形成最适温度为22～26℃，子实体快速生长最适温度为18～30℃。

（三）湿度

榆黄蘑菌丝生长要求培养料的含水量在60%～65%，子实体生长发育时期要求空气相对湿度达到90%～95%。

（四）空气

榆黄蘑菌丝生长期对氧气的需求量不大，但在通风条件下菌丝生长更好。

子实体生长发育期需要足够的新鲜空气，因此需加大通风量。

（五）酸碱度

榆黄蘑菌丝生长pH值范围为5.0～8.0，最适pH值为5.0～6.5，因此在配制栽培料时可将pH值控制在7.0左右。

（六）光照

榆黄蘑菌丝生长期间不需要光照，若光照过强，则会抑制菌丝的生长，但子实体发育形成和生长阶段需要散射光照，光照强度要求在200勒克斯以上。

第二节　栽培管理技术

一、常见品种

榆黄蘑栽培历史较短，品种多为简单驯化而来的野生菌株。目前栽培常用菌株有以下两种。

（一）旗金2号

该菌株属中温、中熟品种，菌丝洁白浓密，生长势强，抗杂能力强，但子实体不耐干旱，易干枯。从接种到第一潮菇采收，春茬需要50～70天，秋茬需要20～45天。

（二）蕈谷2号

该菌株菌丝洁白、浓密，有气生菌丝且发达，菌丝呈绒毛状，菌落边缘整齐，健壮均匀。对绿色木霉、链孢霉等杂菌抗性较强，同时在高温高湿年份抗病虫害。从接种到第一潮菇采收需50～70天。

二、栽培场地及设施

榆黄蘑的抗杂能力强，且生长发育较快，环境适应能力较强，可利用栽培的环境很多，闲置平房、菇棚、日光温室、塑料大棚、地沟等都是很好的栽培场所。人工栽培榆黄蘑有生料栽培、发酵料栽培和熟料栽培三种形式。考虑到榆黄蘑的抗杂能力强，菌丝生长发育快，我国大多采用生料栽培和发酵料栽培，具体栽培方法有室内菌砖栽培、露地熟料栽培、保持地栽培等。

三、栽培季节

一般根据榆黄蘑子实体分化和发育要求的温度，榆黄蘑属于中温型菌类，菌丝生长范围7～32℃均可，以22～26℃最适，但不耐高温，40℃以上迅速死亡。子实体形成与生长14～28℃均可，以20～24℃最适。根据菌性特征，榆黄蘑在我国南方地区适合秋冬两季进行栽培，北方地区则可于秋、冬、春三季进行栽培。南方地区春季栽培一般在3月接种，4～5月长菇收成；秋播一般在9月接种，10～11月长菇收成。北方地区的春季栽培应适当推迟播种时间，秋季栽培则应适当提前。

四、栽培管理

（一）菌袋制作

1. 配制培养料

选择无霉烂的棉籽壳或杂木屑为原料，但应注意木屑不能直接使用，须在露天日晒雨淋条件下堆放6个月以上才可使用。

常用配方为每100千克棉籽壳加石灰2千克，料水比1∶（1.3～1.5），确保培养料含水量控制在60%～70%，搅拌均匀后进行整堆发酵。此配方既可以生料栽培，也可以发酵料栽培。

2. 建堆发酵

一般建堆要求高1米、宽1.2～1.5米、长不限。建堆后应轻轻压实料堆表层，然后用比较粗的木棒在料堆上自上而下均匀地打通气孔，避免厌氧发酵。等到堆内20厘米左右的地方温度升至65℃左右时，维持12小时然后翻堆。翻堆时，注意要从上至下、由内至外的翻拌均匀。第一次翻堆后，等到料温再升到60℃以上时维持1～2天，然后再翻堆，前后共翻3～4次。培养料变成深棕色、散发香味时，发酵就结束了。

3. 装袋接种

摊开料堆，调培养料pH值为7.0～8.0，即可装袋接种。菌袋选用22厘米×55厘米的聚乙烯塑料袋，每袋装干料1千克，湿重约为2.3千克。装料后采取两头接种，并在中间按等距离撒播2层菌种，然后针刺通气孔。每750克的菌种可接种4袋。

（二）栽培管理

1. 发菌管理

发菌温度不能超过25℃，空气相对湿度最好保持在60%～70%，同时注意适当的遮光及通风换气。棚内温度应该控制在28℃以下，超过28℃要注意散开菌袋降温或通风降温。

发菌一周以后，就要开始注意检查菌丝的萌发情况。如果发现菌丝不萌发应立即补种。若发现有少量杂菌感染，应加强发菌室的通风降温，并及时清除感染杂菌的菌袋。如果温度过低，还需进行升温、保温，保证菌丝能够正常的生长发育。一般25～30天菌丝就能长满全袋。

2. 出菇管理

菌丝长满袋之后，再维持3～7天，就可以进行出菇管理了。生产中多采用菌墙做出菇管理，菌墙的码垛方法与平菇一样。菌墙筑好后在墙顶灌水，菇房的温度应尽量保持在15～20℃，空气相对湿度控制在85%～95%，加大昼夜温差，注意通风换气，并给予一定的散射光刺激。大约一周后，菌蕾就会大量出现。出菇期间再向地面、空间增加喷雾2～3次，注意通风，保持空气的新鲜，榆黄蘑从现蕾到采摘一般只需8～10天。

（三）采收

榆黄蘑的子实体菌盖边缘至最大平展时或呈现出小波浪状时就可以采收了。采收前1天不再喷水。采收时要注意用一只手按住料面，另一只手将子实体拧下，或用刀将子实体于菌柄基部切下即可（图1–2）。墙式栽培，只要管理得当，可收4～6潮菇，生物学效率一般可达到100%。

图1–2　工人正在采摘榆黄蘑

第三节 工厂化栽培榆黄蘑

一、厂区建设

厂区应选择在交通、水电便利的位置，厂区周围5 000米以内没有畜禽场等污染源。厂区建设时应规划好原料区、制袋区、灭菌区、接种区、养菌区、出菇区、包装区和菌渣处理区。

（一）原料区

原料区应位于厂区下风口且便于运输车辆出入，应配备堆料场和储料库，配备输送机、拌料机、铲车等设备。

（二）制袋区

制袋区应设有拌料、装袋2个场所，并根据生产需求配备自动化装袋机，进行流水线装袋。

（三）灭菌区

灭菌区应配备高压灭菌锅，并配建缓冲走廊和冷却室，冷却室需配备新风系统和冷风机组等设备。

（四）接种区

接种区应建有更衣室、风淋室、接种室，并配备温湿度控制系统、新风系统、杀菌设备等，确保接种室空气净化程度达到万级标准。

（五）养菌区

需根据设计生产产能确定养菌室的空间大小和养菌架的数量，并配备相应的温控系统、新风系统、电动叉车等设备。

（六）出菇区

该区应注意规划好出菇架的层间距，一般为60～65厘米，中间的作业通道一般为1.2～1.5米（图1-3）。

（七）包装区

包装区应保证干净卫生，出货方便。

（八）菌渣处理区

菌渣处理区应位于厂区的下风口，且便于车辆运输，避免对厂区环境造成污染。

图1-3　工厂化栽培榆黄蘑——出菇区

二、菌包制备

（一）原料准备

木屑在配料前应室外堆积30～40天；玉米芯要新鲜无霉变，2～7毫米粒径料应在70%以上；豆秸应新鲜无霉变，2～5毫米粒径料应在70%以上。同时应准备好麦麸、玉米粉、生石灰等辅料。

按配方将各种原料预湿至含水量达55%左右。先将所有辅料加入搅拌机干拌3～5分钟，然后加入预湿的主料继续搅拌20分钟，再边加水边搅拌30分钟，至含水量达60%～65%后停止加水，继续搅拌50分钟即可。

（二）装袋接种

菌袋采用对折口径为17～18厘米的耐高压折角袋，用装袋机进行流水线装袋，袋料高一般为19～20厘米。装好的菌袋用小车运送到高压蒸汽灭菌锅，整个灭菌过程为3～4小时。注意从拌料到菌袋进入灭菌锅全过程应不超过5个小时。灭菌后进行冷却，待菌包冷却至23℃以下即可将菌包转移至接种室进行接种。接种人员应在一更室换鞋洗手，在二更室更换消毒净化后的工作服，然后进入风淋室风淋至少20秒，才可进入接种室进行接种工作。

三、发菌搔菌

接种后的菌包移入发菌室进行发菌，发菌室温度控制在20～22℃，空气相对湿度控制在60%～65%。发菌3天后，温度调高至23～25℃，空气相对湿度调整至75%～85%，二氧化碳体积分数为0.3%～0.35%，保持黑暗培养。发菌5天后检查并及时挑出污染菌袋，并对污染菌袋做无害化处理，以防发生大规模的污染。菌丝发育成熟后，及时用搔菌机进行搔菌，即将料面0.5～0.8厘米的培养料刮掉。

四、出菇管理

搔菌后的菌袋转移至出菇房，确保出菇房温度24～26℃，空气相对湿度90%～95%，可利用超时雾化器或空气压缩雾化器进行加湿，二氧化碳体积分数控制在0.25%以下，LED白光灯带亮暗持续交替，一般亮5分钟暗55分钟，确保光照强度保持在200～300勒克斯。

五、采收

榆黄蘑子实体整簇接近展盖，菌褶出现白色粉末状颗粒前采收。采收时一手握住菌袋，另一只手把整朵榆黄蘑从基部旋转扭下，采摘后的菇体用水果刀切去基部的菇角和基质，然后进行真空包装。

第二章　黑皮鸡枞菌

第一节　概　　述

黑皮鸡枞菌（图2-1）属担子亚门伞菌目白蘑科，又名长根菇，是我国传统的药用真菌之一，具有很高的食用和药用价值。因其鲜嫩醇香，肉质细嫩、洁白如玉，口感独特，生熟皆可、食药两用、营养丰富而备受人们的青睐。

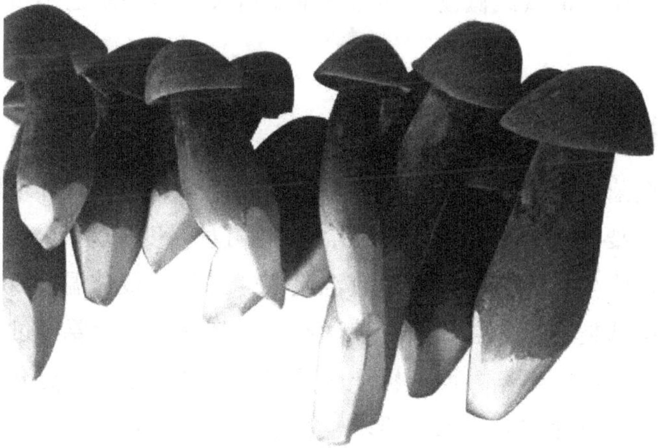

图2-1　黑皮鸡枞菌

一、形态特征

黑皮鸡枞菌子实体单生或丛生，多为中等至大型，菌盖直径3厘米左右，半球形至半平展，中部微凸起，表面光滑，顶部显著凸起呈斗笠形，并有辐射状皱纹，主要是灰褐色，菌肉、菌褶、菌柄多是白色。菌褶不等长，菌柄近柱状，长5～10厘米，粗0.3～2厘米，浅褐色，有纵条纹，表皮脆嫩，内部纤维松软，基部膨大具有褐色的假根。子实体充分成熟时边缘会翻起，有时会有香气，甚至站在10米之外的人都可以闻到。

二、应用价值

黑皮鸡枞菌肉厚肥硕，质细丝白，味道鲜甜香脆，据《本草纲目》和《本草从新》等药物学典籍记载，鸡枞菌具有益胃、清神、治痔及降血脂等作用，有养血润燥、健脾胃等功效，可用于治疗食欲不振、久泻不止、痔下血诸症。现代医学研究发现，黑皮鸡枞菌中含有麦角甾醇类物质及治疗糖尿病的有效成分，对调节血糖有明显效果，并有抑制人体癌细胞生长的作用。黑皮鸡枞菌不仅含有人体所需要的蛋白质、脂肪，还含有钙、磷、铁、核黄酸等丰富的矿物元素和维生素，是体弱、病后初愈者和老年人理想的食疗佳品。黑皮鸡枞菌的谷氨酸钠含量较高，提鲜美味之功效远在味精之上，无论炒菜还是清蒸或做汤，其滋味都很鲜美，是餐桌上不可多得的美味佳肴。

三、生长发育条件

黑皮鸡枞菌是土生木腐菌，对环境的要求十分苛刻，对环境因素的变化适应能力差。要求培养料含水量65%，空气相对湿度85%～95%，适宜中性或微酸性环境中生长，菌丝生长适宜温度18～30℃，最佳温度20～25℃，菌龄长，菌丝长满袋一般30～45天。菌丝有后熟特性，一般要经过30～40天的生理成熟期；喜覆土出菇，但不覆土也可少量出菇。子实体分化和生长温度15～28℃，最佳温度25～28℃，要求空气新鲜、适度暗散射光。每年初春至秋末可在自然温度适中时，在塑料大棚或日光温室栽培，至培养袋内营养基本耗尽为止。冬季棚内或室内温度保证在25～28℃。

（一）营养

黑皮鸡枞菌对营养要求不苛刻，可以在木屑、棉籽壳、玉米芯粉等多种原料上生长，一般种植香菇、黑木耳的原料均可栽培黑皮鸡枞。但要达到高产还需要调配合理的碳氮比，并加入适量的微量元素。

（二）温度

黑皮鸡枞菌喜高温高湿的环境，菌丝生长适温20～25℃，出菇适温也在这一温度范围内，当温度低于18℃时将进入出菇休眠期，这是与多数食药用菌不同的。一般温度的管理可以分为四个阶段：第一阶段为覆土阶段，这个时候菌包刚覆土，温度控制在0～25℃即可，直至通风期结束；第二阶段为养菌阶段，温度需控制在22～26℃，温度低了会影响出菇时间，温度高了会导致养菌过早进入催芽期，不好控制出芽密度，进而导致影响出菇产量和品质；第三阶段为催芽阶段，温度需控制在26～28℃，持续时间3～5天，具体由出芽密度来衡量；第四阶段为出菇阶段，温度控制在24～26℃，直至本茬菇采收结束。

（三）湿度

菌丝适宜的基质含水量为63%～70%。出菇则需要85%～95%的空气相对湿度。湿度管理也可分为四个阶段：第一阶段为覆土浇水阶段，此阶段水要浇透、风要通足；第二阶段为出菇阶段，此阶段要加强土表层和空气相对湿度的双控制；第三阶段为采摘阶段，此阶段要做好控湿保水；第四阶段为养菌阶段，此阶段要补水、通风，注意防病虫害，并结合温度控制养好菌丝。

（四）空气

二氧化碳体积分数要控制在0.12%以下，通风不良会导致黑皮鸡枞菌柄细长。但通风会使温度与湿度降低，因此通风一般伴随着其他管理进行，如观察菇帽的大小决定通风与否及通风的时间。

（五）酸碱度

菌丝生长的培养基质pH值以6.5～7.2为好。

（六）光照

黑皮鸡枞出菇期喜黑暗至弱光，100～200勒克斯光照为宜。每天光照时间控制在10～12小时，光照时间过长或过短都会造成菇体颜色变浅。

（七）覆土

黑皮鸡枞子实体的形成需要覆土。覆土可以发挥土壤微生物的活力，覆土后可使子实体发生更多，生长更健壮。覆土对土质也有要求，一般土表层富质土效果更好，同时注意做好覆土的防虫杀菌处理。

第二节　栽培管理技术

一、常见品种

鸡枞菌被称为“菌中之王”，其肉质白嫩如丝，味道鲜美，很受欢迎，常见的品种有以下几种。

（一）土堆鸡枞

土堆鸡枞状似水母，菌帽较小，菌身细长，因其身体90%都生活在土中而得名。它顶破土层时是最佳食用时间，食用时纤维感明显，鸡枞香味淡，夹杂着丝丝沙土味，加蒜片、青椒炒食味最佳。

（二）白鸡枞菌

白鸡枞菌口感鲜嫩，味美，香气扑鼻，是鸡枞菌中的上品。这种菌的菌盖直径为3～20厘米，成熟时菌盖边缘会向四周开裂，分布于我国江西、浙江、福建、湖南、湖北、云南、贵州、四川等省份。

（三）黄皮鸡枞

黄皮鸡枞肉厚杆粗，其状如雨伞，大的单朵可达1千克，常见单朵0.5千克左右，香味略淡。

（四）青鸡枞菌

青鸡枞菌中央淡褐色至灰色，菌盖边缘颜色渐淡，是极致美味的鸡枞菌品种，其味美，香气扑鼻，是鸡枞菌中的上品。

（五）火把鸡枞

火把鸡枞的菌盖直径可达5厘米，最初的形态是圆锥形的，随后慢慢地展开，在中央可看见中央有一个乳状突起，颜色从中央到菌伞边缘为赤褐色到黄褐色，菌柄比较粗壮。主要生长在我国云南、贵州、四川、广东等地。

（六）黑皮鸡枞

黑皮鸡枞个头偏小，长5～10厘米，全株基本颜色为黑褐色，菌盖宽约2厘米，菌柄为柱状，粗0.6～2厘米，多为人工栽培。本书中主要介绍黑皮鸡枞菌的栽培管理技术。

二、栽培场地及设施

黑皮鸡枞菌栽培棚一般有日光温室和塑料大棚两种。日光温室可选择坐北朝南的地块，温室建设为东西长80米左右、南北宽10米左右、后墙高2.5米、山墙高4米。塑料大棚可选择南北走向，南北长80米左右、东西宽10米左右，肩高1.5米，顶高3米（图2–2）。

温室和大棚室内均需配备浇水与喷水系统、照明、紫外消毒灯、通风机、加热设备、遮阳网等，室外需配备卷帘机，以卷起棉被同时利用日光为室内加温。

棚内畦的长宽可以根据棚长宽而定，兼顾工人采菇适宜度。一般情况下畦长6～7米，宽1.2米，深30厘米。在畦的四角钉上木桩或铁桩，并拉上线，线离地面约3厘米。挖好畦后需向畦内四周、畦底喷洒石灰水上清液进行灭菌。

图2–2　大棚中栽培的黑皮鸡枞菌

三、栽培季节

黑皮鸡枞菌属于中高温型食用菌，适宜在秋季制作栽培袋，春夏季栽培出菇。在20～28℃的条件下，一般65天左右，黑皮鸡枞菌的子实体即可达到生理成熟。因此，一般日光温室出菇时间控制在2～6月，塑料大棚控制在3～7月。

黑皮鸡枞菌接种一般被安排在冬初年末。一是农活少养菌温度适合可大大降低污染率；二是通过菇棚加温，在春节前后出菇，市场价位高；三是随着来年春季的变暖，加强管理，促进菌丝生长，可以再出菇。

栽培工艺流程为：液体菌种制备→配料、拌料、装袋→灭菌、冷却→接种→发菌培养→后熟培养→脱袋覆土培育→出菇管理→采收。

四、栽培管理

一般地温高于20℃，棚温达到30℃时，可准备菌袋入棚。黑皮鸡枞菌的菌丝必须经过后熟期，否则栽培不出菇或出菇极少。菇农一般可以买发好菌的菌袋直接进行栽培，省时省力。

（一）菌包制作

1. 栽培料制作

木屑、棉籽壳、玉米芯等原辅材料应纯净、干燥、无霉变、无虫、无异味，木屑经自然发酵或人工堆制发酵处理1.5～2个月，木屑、玉米芯颗粒直径为0.2～0.5厘米。准备好的原辅料按照配方（棉籽壳33%，苹果树木屑30%，玉米芯12%，麦麸15%，豆粕粉4%，玉米粉3%，过磷酸钙1%，石膏粉1%，生石灰粉1%）进行配制，搅拌均匀，调配含水量至65%左右，初始pH值为7.2～7.6。

2. 装袋灭菌

菌包塑料筒膜规格为长35厘米、折径 17厘米的高密度聚乙烯或聚丙烯塑料袋，采用装袋机进行装袋，将栽培料均匀压实，开口端留有接种穴，菌包装料端部插棒窝口或套无棉盖体封口。每个菌包装干培养料平均 0.55千克，装料后菌包长度约 20厘米。采用高压灭菌，在 0.15兆帕蒸汽压力下保持 2.5小时。同一批菌包拌料、装袋、灭菌要在一天内完成。

3. 菌包接种

母种、原种、栽培种的繁育严格进行无菌操作，选用抗逆抗霉性强、优质、高产、无退化品种进行接种。栽培种采用液体菌种繁育培制的，菌种、菌包制备车间应与栽培出菇场所隔离，菌种培养应在经消毒的恒温培养室内进行。

灭菌后的料袋置于无菌冷却室冷却至28℃以下，即可移入接种室内进行接种。接种人员应穿戴已清洗消毒的衣、帽、鞋和手套，并佩戴口罩，通过风淋室洁净后进入接种室。接种采用自动接种机进行，接种前各工作部件用75%乙醇溶液喷洒擦拭消毒。接种工具用酒精灯火焰灭菌，接种过程严格无菌操作。同一批灭菌的料袋要及时连续接完，接种后将菌包移入培养室发菌。

4. 发菌培养

菌包进入发菌室的前三天对发菌室进行消毒杀菌。菌包进入发菌室后，控制发菌室温度在24～26℃，空气相对湿度在55%～65%，注意需要间歇式输送新风和黑暗培养，调控培养室内二氧化碳体积分数在0.2%以下（图2–3）。菌丝生长阶段经30～35天菌丝长满料袋，培养室温度降至21～23℃，继续后熟培养30～33天，使菌丝达到生理成熟。当菌包硬实且有弹性、菌袋料面的气生菌丝呈褐色菌被、菌丝束呈白色且密集健壮时，则标志着菌袋生理成熟，可进行脱袋覆土栽培。

图2–3 菌包在发菌室培养

5. 菌包入棚

将成熟的菌袋排放在菌畦内，按锯齿状摆菌棒，菌棒间隔3～5厘米，菌棒摆好后向菌棒上喷洒石灰水上清液灭菌。然后覆土3厘米左右，再喷洒石灰水上清液灭菌。覆土后要一次性浇透水，然后视土壤情况喷水，可以用手握土捏紧扔地上，若土成团则不需要喷水，否则需喷水。出菇前再喷一遍水，使菌棒吸水充足、菌丝恢复活力，为出菇做好准备。

（二）出菇管理

1. 脱袋覆土

出菇菌床底层土壤铺垫厚度为5～6厘米，均匀撒生石灰粉进行消毒。将菌包用刀尖划开，脱去塑料筒膜，用消过毒的利刀从菌棒中间切分为2段，断面向下竖直摆放于菌床上，菌棒摆放密度为每平方米50～55个整菌棒，菌棒间隙约4厘米，用壤土填充，再进行表层覆土。覆土需选用不沙不黏、质地疏松、透气持水、颗粒均匀的肥沃壤土，土粒大小为0.2～0.8厘米，用1%石灰水喷拌处理，以消毒防虫，调土壤含水量至20%～25%，pH值7.0～7.5。菌棒第一次覆土厚度2厘米后喷浇水一次，然后再补充覆土，菌棒表面土层总厚度为3～3.5厘米，将床面土层整平后不再浇水，喷适量雾化水保持覆土湿润即可。覆土后控制菇房空气温度25～28℃，土壤温度22～24℃，一般经25～30天培育，即开始现蕾出菇（图2–4）。

图2–4　长势良好的黑皮鸡枞菌

2. 出菇管控

控制棚温在23～28℃，昼夜温差在7℃以内，经25～30天，当覆土层表面有少量白色菌丝出现时，适量喷水并适度加大通风量，控制菇房内空气温度24～28℃，昼夜温差5℃以内，以促进出菇。原基分化阶段，菌柄和菌盖逐渐显现，应保持棚内温湿度相对稳定，土壤温度23～25℃，菇房内空气相对湿度90%左右，光照强度200～300勒克斯，以促进原基分化。待菇蕾陆续形成时，减少通风量，降低空气对流强度，控制菇房内二氧化碳体积分数0.15% 以下即可，保持菇房温湿度相对稳定，以利于幼菇发育。幼菇生长至大量出菇期，保持菇房空气温度25～28℃，最高不超过 29℃，覆土温度23～24℃，最高不超过25℃，空气相对湿度85%～90%，定期适量通风，控制二氧化碳体积分数0.2%以下，保持光照强度200～500勒克斯。每隔6～7天在菇床上喷施一次1%石灰水上清液，以消毒防虫。在适宜条件下，从现蕾到采收，一般5～7天即可。

3. 采收

优质黑皮鸡枞菌商品菇应掌握八分熟、菌盖未完全伸展开以前采收。采收前一天停止喷水。采收时用右手的拇指与中指捏住菌柄往上旋拧提拔，将根一起拔出，不要掰断菇根，然后根对根放入筐内，再集中削根分级以达到销售标准（图2–5）。一般每天采收两次，大约每6小时采摘一次，采大留小。采收后的菌畦应及时剔除残留的菇根、残菇、死菇，将凹陷填平，使菌丝进入恢复期。一周后采取微喷方式对菌畦补水，10～15天可采收第 2 潮菇。

图2–5 工人正在进行削根

第三节 工厂化栽培黑皮鸡枞菌

黑皮鸡枞菌4个月完成一次生长周期，工厂化栽培一年可种植3茬，一间菇房（500米^2）一茬可采菇2 400 ~ 3 000千克。

一、栽培料制备

将棉籽壳、木屑等主料预湿，保持含水量在75%左右，然后在水泥地或农膜上均匀摊开放置一日，不可堆放以防发酸。次日按配方（棉籽壳30%、玉米芯粉30%、木屑8%、玉米粉10%、麸皮20%、碳酸氢钙1%、石灰粉1%）混合搅拌均匀，保持含水量60% ~ 65%，培养料pH值8.0左右。搅拌均匀后装袋，每袋湿重约1.2千克。

二、装袋灭菌接种

选用规格为32.5厘米×18厘米×0.03厘米的聚乙烯袋装料，装料松紧适度，压料至袋高15厘米。将装好料的菌袋及时放入灭菌锅灭菌，工厂化生产一般采用高压灭菌，在1.5兆帕下，121 ℃保持3 ~ 4小时。灭菌结束待菌包温度降至常温后，移至消毒好的接种室进行无菌操作接种。工厂化一般采用液体菌种（图2-6），利用自动化接种机进行接种，接种前24小时，对接种室使用84消毒液进行消毒处理；接种前8小时打开臭氧机灭菌1 ~ 2小时；接种前1小时将空气净化系统开进行通风换气；接种前先将接种枪、连接管道等进行高压灭菌20分钟，每个菌袋接种量为20毫升左右。

三、发菌培养

将所有接种后的菌袋统一移入培养室，进行避光通风培养。菌丝生长阶段，最适宜温度范围18 ~ 26℃，空气相对湿度60% ~ 65%。黑皮鸡枞菌菌龄长，菌丝长满袋需30 ~ 45天，再经35 ~ 45天培养，培养基表面出现黑褐色菌皮或组织时，表明菌丝已生理成熟，可进入出菇管理阶段。

图2-6　黑皮鸡枞菌液体菌种扩繁

四、出菇管理

黑皮鸡枞工厂化出菇均采用层架式出菇（图2-7），其目的是提高单产，一般分为3～6层，单层层架长30～40米，每层放置2 000～2 500个菌包，一个出菇房放置1.2万～1.8万个菌包。在准备出菇前3～5天，对菇房出菇层架、地面、墙体等进行消毒处理，然后再摆袋出菇。根据栽培出菇是否脱袋，分为脱袋出菇和袋内出菇两种。

图2-7　层架式出菇管理

（一）脱袋出菇

是一种将菌袋的塑料料袋人工去除，再进行覆土出菇的方式。该种方法可增加出菇面积，间接提高出菇产量。具体操作为：先在出菇房中的洁净层流罩下方采用无菌刀片将菌丝生理成熟了的菌袋表面聚丙烯料袋脱下，将菌包放置在消毒处理过的无菌塑料托盘中，装满后用平板拖车转移至出菇种植架，采用机械臂或者人工将菌包排列在底部铺有约5 厘米厚经处理过的土壤上，垂直放立，菌包间距3厘米左右，使得整个脱袋菌包铺满种植床架，然后将覆土土壤填满菌包间隙，并覆盖约5厘米厚的土壤。

（二）袋内出菇

是一种不用脱去菌袋的塑料料袋而直接在菌袋一端开口进行覆土出菇的方式。该方式过程简单，处理废弃菌渣容易，但由于出菇面积相对较小，单产相对于脱袋出菇方式覆土略低。具体操作为：将菌丝生理成熟了的菌袋一端开口，用处理过的土壤覆盖约5厘米厚，将开口菌袋垂直均匀地摆放在出菇房的床架上。

五、覆土管理

覆土材料可为土壤、泥炭土、珍珠岩、腐殖质等，为了方便一般选用土壤，所选土壤要求质地疏松，透气性好，有机质含量丰富，以沙壤土为最佳。

覆土前5天左右，将沙壤土撒石灰粉进行拌匀消毒，控制含水量在30%左右，pH值8.0～10.0，然后闷堆并用薄膜覆盖2～3天，使用前一天测定土壤酸碱度，调整pH值为7.0～7.5，即可用于后续覆土或垫土。

无论是脱袋出菇还是袋内出菇，在工厂化出菇房中完成菌袋覆土后，都须进行浇水，所用水均为澄清石灰水（pH值7.0～7.5），维持土壤含水量25%左右，土壤温度23～27℃，空气相对湿度80%以上，1 500～2 000勒克斯光照，注意通风。覆土后 7 ～10天，菌包即会转成红褐色的菌膜。此时管理重点是调节好棚内温湿度及通风换气，保持覆土湿润（图2–8）。若覆土层呈白色则太干，早晚应勤喷水。转色后15～25天即可出现大量原基，原基长出后，要增加喷水次数，以细喷多次为原则，且宜在早晚喷。菇蕾继续生长5～10天，八分熟以前采收。采收完一茬后停水养菌约5天，进入下一潮菇的管理。

图2-8　黑皮鸡枞菌的高湿度出菇房

六、采收

当菌盖开至七八分时即可采收，采收时单手握住菌柄，轻轻向上旋转拉出整个子实体，再用小刀削去菌柄基部泥土及其“根”，然后可进行进一步分级。分级完成的菇按照一定规格打包进行冷链鲜销，保藏库温度0～4℃，无光，空气相对湿度80%左右，一般保鲜期可达8～10天。

第三章　海鲜菇

第一节　概　　述

海鲜菇属白蘑科玉蕈属，又名玉蕈、斑玉蕈、真姬菇，子实体中等至较大，质地脆嫩，味道鲜美，具有海蟹味。海鲜菇栽培的有浅灰色（图3-1）和白色（图3-2）两个品系，白色品系又称“白玉菇”“玉龙菇”，多为工厂化栽培。

图3-1　海鲜菇（浅灰色品系）

图3-2　海鲜菇（白色品系）

一、形态特征

子实体丛生，菌盖幼时球形，成熟后渐平展，直径1～7.5厘米，菌盖表面光滑，近白色至灰褐色，干后呈灰色至褐色。菌盖四周色浅，中部色深，表面有明显大理石状斑纹。菌柄较长，中生，内实，肉质白色或近白色至灰色，多为圆柱状，有时基部膨大，长度因不同菌株而异，菌柄直径1.0～3.5厘米。菌褶为片状，弯生或直生，呈密集排列，不等长，白色。担子棒状，其上着生2～4个担孢子。担孢子呈卵圆形，无色，光滑，内含颗粒。孢子印为白色。

二、应用价值

海鲜菇属低温型草生菌或木生白腐菌，是北温带一种优良的食用菌，味比平菇鲜，肉比滑菇厚，质比香菇韧，口感极佳，还具有独特的蟹香味，在日本有“香在松茸、味在玉蕈”之说，具有很高的营养价值和药用价值。

海鲜菇中的蛋白质有人体所需要的8种氨基酸等营养物质，海鲜菇子实体中提取的β-葡聚糖具有很高的抗肿瘤活性，从海鲜菇中分离得到的聚合糖酶的活性也比其他菇类要高许多。经测定，100克鲜海鲜菇中含水88%、粗蛋白质3.0克、粗脂肪0.08克、粗纤维1.03克、碳水化合物7.4克、灰分0.70克（主要是磷、钾、铁、钙、锌等矿质元素）、0.64毫克维生素B_1、5.84毫克维生素B_2、186.99毫克维生素B_6、13.8毫克维生素C，含17种氨基酸，占干重13.27%，其中7种人体必需氨基酸占氨基酸总量的36.82%。

海鲜菇是一种低热量、低脂肪的保健食品，经常食用海鲜菇可以预防衰老，延长寿命，提高免疫力。海鲜菇已经成为餐桌上最畅销的食用菌品种之一，其食用方式多种多样，通常作为补品用来煲汤、炖鸡，亦可作为单独的美食用来炖食或涮火锅。

三、生长发育条件

海鲜菇菌丝生长最适温度24～26℃，子实体生长最适温度8～18℃。菌龄期50天左右，生长周期100天，生物转化率60%～80%。

（一）营养

海鲜菇有较强的分解木质素能力，在自然界，海鲜菇的主要营养基质包括山毛榉、七叶树等阔叶树木。由于栽培技术的提高，只用木屑也可以栽培海鲜菇，但要注意木屑堆积发酵的程度和木屑粗细的分布，还要注意辅料（营养剂）的种类和用量。缺乏木材资源的地区，人工栽培则多利用稻草、麦草、棉籽壳、玉米芯、作物秸秆等各种农林产品下脚料作为碳源，培养料的碳氮比在（30～34）：1较适宜海鲜菇的生长，最适碳氮比为32：1。

（二）温度

海鲜菇属中偏低温型食用菌，菌丝生长温度5～30℃，最适20～25℃，超过35℃或低于4℃时菌丝不再生长，在45℃以上无法存活。原基形成需10～16℃较低温度刺激。子实体生长温度以13～18℃为宜。

（三）湿度

培养料的含水量以65%为宜，出菇前栽培袋应适当补水，使培养料的含水量达到70%～75%，才能满足海鲜菇的生长；菇蕾分化期间，菇房的相对湿度应调到90%～95%；子实体生长阶段，菇房的相对湿度应调到85%～90%，如果相对湿度长时间高于95%，子实体易产生黄色斑点且质地松软。

（四）空气

海鲜菇为适度好气性真菌。菌丝对空气不敏感，但在不透气的环境中，随着呼吸时间延长，二氧化碳体积分数提高，菌丝生长速度也会减缓。而在子实体发育过程中对二氧化碳相对较敏感，尤其是菇蕾分化对二氧化碳体积分数非常敏感。菇蕾分化时菇房的二氧化碳体积分数要求在0.05%～0.1%，子实体长大时菇房的二氧化碳体积分数要求在0.2%～0.4%。实际操作中，往往通过减少换气把二氧化碳体积分数提高在适当浓度、关窗盖膜来间歇地延缓开伞、促进长柄，提高品质和增加菇的产量。但如果菇房二氧化碳体积分数长时间高于0.4%，子实体易出现畸形。

（五）酸碱度

菌丝在一定范围内对酸碱度要求不严格，菌丝pH值4.0～8.5都可以生长，不同菌株对pH值要求有所差异，菌丝生长阶段以pH值6.5～7.5为好。实际操作中，培养基pH值7.0左右即可。

（六）光照

菌丝生长阶段无须光照，直射光线不仅会抑制生长，而且会使菌丝色泽变深,但在生殖阶段需要一定的弱光来促使原基的正常发育。光照与原基发生量有一定的相关性，黑暗会抑制菌盖的分化而产生畸形菇，黑暗中海鲜菇易白化，导致产品质地不佳。子实体生长过程中有明显的向光性。出菇阶段光照控制在200～1 000勒克斯较为理想。

第二节 栽培管理技术

一、常见品种

海鲜菇兼具山珍的清香与海味的鲜美，常见品种有以下两种。

（一）闽真2号

菌丝体洁白浓密粗壮，生长迅速，无论是母种原种还是栽培种，均可在较短时间内长满斜面或菌袋。一般生长周期为100～110天。菌丝后熟期较长，但在温光刺激下，能很快形成原基，出菇整齐。

（二）玉秀98

形态美观，质地脆嫩，出菇整齐，转化率可达80%以上，适宜工厂化规模化栽培。

二、栽培场地及设施

目前，海鲜菇栽培的主要方式是瓶栽和袋栽。可利用现有菇房、菇棚、地下室或半地下菇棚栽培。海鲜菇栽培生产周期为110～130天，其中菌丝满袋40～50天，后熟45～55天，出菇期20～25天。

栽培工艺为：培养料配制→搅拌→装袋→灭菌→冷却→接种→养菌→搔菌催蕾→育菇管理→采收包装。

三、栽培季节

根据当地气候条件和海鲜菇生长发育期较长的特点来安排生产季节。南方一般在每年9月，气温稳定在最高温度28℃以下时制菌包，9～11月发菌及后熟培养，11～12月最高气温18℃以下时出菇。而北方则随着纬度的提高相应提前。山东、河南、河北大部分地区一般在8月下旬开始制菌包，8～10月发菌及后熟培养，11月中下旬至12月中下旬出菇；甘肃、宁夏等地区一般在每年5月以前接种，6月中旬开始制菌包，7～9月发菌及后熟培养，9月下旬至10月中下旬出菇。

四、栽培管理

（一）菌包制作

1. 栽培料制作

海鲜菇的栽培要求基质材料偏硬质化。培养基的孔隙率（透气性）也很重要，决定着菌丝生长速度和健壮程度。因此，在配制培养基时，不仅要考虑营养方面，也必须充分考虑培养基的持水和孔隙率，来确定培养基中营养添加剂的种类和用量。一般配方为：玉米芯粉40%，木屑40%，麸皮12%，玉米粉5%，石膏粉1.5%，石灰1.5%。

配置栽培料时，先将玉米芯粉（图3–3）倒入搅拌机，边加水边搅拌15分钟，当原料无干心时，加入木屑搅拌5分钟，然后加入麦麸、玉米粉、石灰等辅料再搅拌10分钟。装袋前培养料含水量控制在64%～66%，pH值控制在7.0～8.5。

图3–3　即将用于拌料的玉米芯粉

2. 装袋接种

塑料袋选用折径17厘米、长30～33厘米的聚丙烯或聚乙烯塑料袋，每袋装干料500克左右。料高18厘米，装袋松紧适中，袋中央用直径2.0厘米钢筋打一个圆柱形的孔道，距袋底3厘米处（切勿打到袋底并刺破袋子），最后扎口。打空洞可以使袋中央的料被充分分解利用，且有利于发菌时积累在料中的废气及时排出菌包。打孔时，不要动作过快，应匀速打正，并在钢筋上作好深度标记，以免打破袋底。装袋结束后，立即进行3～4小时高压灭菌（121℃）。从拌料到入锅灭菌时间尽量控制4小时以内。经过灭菌的菌袋，待温度降至60℃左右时及时移至冷却室内冷却，当菌袋温度下降至25℃以下时即可进行接种。接种后第10～12天检查杂菌感染情况，及时挑除污染菌包并集中烧毁。

3. 发菌培养

接种后将菌袋搬入预先消毒的发菌室进行培养（图3-4），温度控制在20～25℃，空气相对湿度控制在60%～65%。每天通风3～4次，每次30分钟以上，遮光培养50天左右，菌丝即可满袋。但此时菌丝稀疏细弱，积累养分少，须进行后熟培养，即在20～25℃下继续培养50天左右，以促使菌丝生理成熟。当菌丝达到生理成熟和贮存足够的营养物质时才能出菇。菌袋生理成熟的标志是：菌袋料面出现“黄水”水珠，菌丝由洁白转为土黄色并形成粗壮的菌丝束，菌袋失水重量变轻，菌袋内基质收缩成凹凸不平的皱缩状。后熟培养结束后，若仍处于高温季节而不适宜出菇时，宜将菌袋移至较阴凉、干净、通风、避光处存放，待气候适宜时再进行出菇。

图3-4 发菌室中进行发菌的菌袋

（二）出菇管理

1. 搔菌

出菇季节到来后，取出培养袋，及时转移至12～13℃出菇房层架上，解开袋口，将塑料袋口向外翻卷至料面上方2厘米处，用经75%乙醇消毒的搔菌耙，轻轻除去培养料表面的老菌块，刺激料面形成子实体。搔菌的好坏，直接影响子实体的形成和产量。搔菌之后，依次将清水注入菌袋，经2小时后把剩余水倒掉进行催蕾。

2. 催蕾

搔菌注水后的菌袋放置整齐，袋口覆洁净的无纺布或报纸，喷水保湿，保持菇房温度为10～16℃。空气相对湿度为90%～95%，二氧化碳体积分数保持在0.2%以下。弱光（光照强度10～30勒克斯）照射约7天后，袋口料面便可长出一层浅白色气生菌丝，形成一层菌膜。这时，调控昼夜温差在8℃左右，数日内菌膜渐由白色变为灰色，标志着原基即将形成，此时逐渐加大湿度，提高光照强度达50～100勒克斯，3～5天灰色菌膜表面就会出现细密原基，并逐渐分化成菇蕾。

3. 出菇管控

菇蕾出现后，控制菇房温度为13～18℃，空气相对湿度为85%～90%，每日通风6～8次，控制二氧化碳体积分数在0.1%以下，光照强度为200～500勒克斯，促使菇蕾发育长大（图3–5）。2～3天后菇蕾尖端形成直径0.2～0.3厘米的圆形菌盖。同样环境条件下继续管理7～8天，菌盖直径达到0.5～0.8厘米，上面形成斑点状花纹，此时通过减少通风时间增加二氧化碳含量，促使菇柄快速伸长加粗，菌盖慢慢平展加厚。

图3–5　入菇房对温湿度及通风进行调控

（三）采收

当菌盖为半球形、直径1.0～1.5厘米、整丛菌柄长10～12厘米时即可采收（图3-6）。从现蕾到采收一般需8～15天。采收海鲜菇宜在夜晚或清晨进行，避免中午或午后采收。采收前3天，控制空气相对湿度在85%左右，以延长采收后的保鲜期。

图3-6　菇房待采摘海鲜菇

采收时要一手抓住菌包，一手握住菌柄，轻轻晃动菌袋，待菇丛松动脱离料面后再将整丛菇拧下。注意不要碰坏菌盖。采下的鲜菇用泡沫箱或塑料周转箱，以菇盖对菇盖或菇根对菇根方式小心盛放，避免菇盖破损或菇体携带培养料而降低商品性。

采收的基本标准是：菌盖上大理石斑纹清晰，色泽正常，形态周正，具旺盛的生长态势；菌盖未平展，孢子未喷射，最大一朵菌盖直径在2.5～3厘米，整丛柄长5～6厘米，粗细均匀。

第1潮菇采收后，应及时清除料面残留的菇根和死菇，停水3天，用报纸或塑料薄膜覆盖好，让料面菌丝恢复后再喷水保湿催蕾，约20天后可形成第2潮菇。一般可采2～3潮菇，产量主要集中在第1潮菇，因此海鲜菇的管理重点是第1潮菇。栽培过程中各个环节都能做到位，海鲜菇生物学效率可达100%左右。

第三节　工厂化栽培海鲜菇

海鲜菇的栽培工艺，由培养料制作、装袋、灭菌、接种、发菌管理、出菇管理、采收组成。

一、栽培料制作

（一）玉米芯粉65%、棉籽壳粉15%、麸皮12%、玉米粉5%、石膏粉1.5%、石灰1.5%，含水量65%。

（二）粉碎的玉米芯80%、麸皮12%、玉米粉5%、石膏粉1.5%、石灰1.5%，含水量65%。

玉米芯因其本身含有相当多的糖质，不仅可以作为培养基的原材料，作为营养源也很好；以米糠、麸皮、大豆粉、玉米粉、棉籽壳粉作氮源，同时可提供促进菌丝生长的微量元素。工厂化栽培生产上，棉籽壳、玉米芯粉是比较好的培养基原料，添加辅料如麸皮、玉米粉等有利于提高产量和品质。实验证明，补充玉米粉后的培养基增产显著，但玉米粉不宜过多补充，一般条件下不超过6%，否则容易造成菌包被大量杂菌污染。

工厂化生产海鲜菇采用机械拌料（图3–7），时间约25分钟，培养料含水量控制在65%左右，具体表现为手捏料时指缝间滴7～8滴水即可。

图3–7　工厂化栽培料预湿翻堆

二、装袋

海鲜菇工厂化生产，塑料袋选用折径17厘米、长30～33厘米的低压聚乙烯折角袋，装袋采用冲压式装袋机进行（图3-8），每袋装料1 000～1 100克，料高18厘米，装袋松紧适中。为保证菌包中预留的孔洞不被堵塞，一般需插上专用的塑料棒，待接种时再拔出来。菌袋封口采用喇叭口塑料套环，并塞上棉花塞。

图3-8　工厂化装袋机

三、灭菌

灭菌不仅能杀死存在于培养基内部的微生物，通过加热加压还能把培养基变成易被菌丝分解和吸收的状态。工厂化生产采用高压蒸汽灭菌（图3-9），即通过提高蒸汽的温度来灭菌。灭菌时，先要将锅内的冷空气全部排除，否则，即使压力表上的压力已达到要求，灭菌锅内的温度也达不到所需的温度。排除冷空气的方法是加热后当压力表上指针上升到每平方厘米0.5千克时，打开排气阀，放气至指针回到"零"的位置。灭菌的时间是以排除冷空气后，压力回升到每平方厘米1.5千克时开始计算，此时温度可达到121～128℃，在此温度下，维持2小时。灭菌后所有栽培袋内部都要冷却至海鲜菇菌丝的培养温度（25℃以下）才能接种。

图3-9　工厂化智能高压蒸汽灭菌

四、接种

工厂化接种应在无菌条件下进行。目前工厂化生产大多是采用液态菌种进行接种（图3-10），每袋接种量是20～30毫升。接种前，接种人员需穿戴经过清洗并消毒的衣帽、鞋和口罩，通过风淋室洁净后方可进入接种室，用自动接种机进行接种。利用液体菌种接种，每2个工人为一组，每天可接种2万包左右，极大地提高了工作效率。

图3-10　工人正在进行液体菌种接种

五、发菌管理

接种好的菌丝置于发菌室内发菌（图3-11），注意从以下几点进行发菌管理。

图3-11 在发菌室内发菌（层架式）

（一）温湿度调控

不同品种的海鲜菇，其营养菌丝生长的最适温度有所不同，一般在22～25℃时生长最旺盛，此时其代谢产生的热量使培养基内部温度比外界高1.5～3℃，因此要对培养室内的温度进行调整，降至20～22℃。

（二）适当通风和黑暗培养

发菌过程中排出的二氧化碳体积分数在接种后17～20天达到最高。因此，应使用热交换式通风装置使室内二氧化碳体积分数维持在0.4%以下。培养过程中，如室内有光照，接种部位容易产生菇蕾，因此培养过程中要尽力保持黑暗状态。菌丝培养是不断增加营养菌丝生物量的过程，在工厂化高效栽培中，接种35～40天菌丝就完全长满菌袋，但菌丝发满后仍需继续培养40～50天，即进行生理成熟（后熟）（图3-12）。后熟期间，培养基的含水量上升变得非常缓慢，菌种部分容易干掉，所以室内空气相对湿度要维持在70%以上。

图3-12 发满海鲜菇的菌袋

（三）搔菌

搔菌有利于原基早现，是促进菌床表面形成菇蕾的重要环节（图3-13），搔菌质量的好坏影响着子实体的形成和产量。搔菌实际上是促进培养料基面受到机械作用的刺激促使菌丝从营养生长向生殖生长转移的作业，采用专用搔菌机，将培养料面中央用爪形刀刃旋转压下，主要将培养基料面四周搔除，形成环沟，环沟距瓶口的距离为15~20毫米，使料面呈圆丘状。搔菌后，为了防止出菇初期培养料表面过于干燥，需往菌袋内喷水，约经1小时后全部倒掉，使环沟内不要有积水。否则，不仅会推迟菌丝的恢复与再生，还会增加受杂菌污染的概率。

图3-13 形成许多原基的海鲜菇菌包

（四）催蕾

催蕾是通过调节温度、湿度、气体、光线等，促使尽快现蕾的一种出菇方法。搔菌、注水、排水结束后，菇房控制温度14～16℃、相对湿度90%以上，二氧化碳体积分数控制在0.1%～0.2%，菇蕾发生初期需1～10勒克斯的光照，菇蕾发生中后期需50～100勒克斯的光照度，进行间歇控制促使菇蕾形成。

六、出菇管理

（一）温度

海鲜菇子实体分化发育最适温度为14～16℃，8～10℃的温差刺激有利于其子实体的快速分化，并可以增加菌芽的密度。22℃以上、8℃以下难以分化出子实体，成盖期以后，在22～25℃的高温及5～8℃的低温下仍能够缓慢生长，但若长期处于这种逆境下，子实体会出现变态现象。低温造成菇盖畸形，长成大脚菇；高温使菇柄徒长，菌盖下垂，菇盖开伞变快，盖的厚度变薄，颜色变淡变白等。所以在管理中，当原基或菇蕾出现以后，栽培车间的温度应控制在14～16℃。

（二）空气

子实体分化发育期间空气相对湿度要控制在85%～95%，菇蕾期要将相对湿度提高到90%～95%。如果空气湿度不足，则子实体难以分化，甚至导致菇蕾死亡，应及时加湿（图3–14）。但长期过湿的环境也会影响子实体正常发育。此外，二氧化碳体积分数控制在0.3%以下。

（三）光照

海鲜菇菇蕾的形成易受光线的影响，无光线条件下，不形成菇蕾；近黑暗条件下菇蕾出现缓慢并伴有气生菌丝出现，形成一层薄薄的菌丝层，颜色由白色转至近灰色，其后再形成许多细小的原基。菇蕾形成的初、中期需要50～100勒克斯的光照强度，菇蕾出现的后期需要100～200勒克斯的光照强度。栽培房内应每天开灯10～15小时，白天关灯，晚上开灯或者间歇开关灯。要想使菇盖颜色较深，菇柄与菇盖比率适中，菇柄长度和粗度相宜，栽培房的光照强度要求更高，至少在500勒克斯以上。

图3-14　出菇房加湿

七、采收

适时采收和认真细致的分级是提高海鲜菇商品价值的重要环节。当海鲜菇长到一定标准时，即菌盖1.5～4.0厘米时就及时采收，通常搔菌后20～23天就进入采收适期（图3-15），一般1个栽培库房从零星采收到采收结束共需3天时间。工厂化生产只采收第一茬。

图3-15　进入采收适期的海鲜菇

商品海鲜菇可分3个等级：一级菇，菌盖直径1.5～2.5厘米，菌柄长4～6厘米；二级菇，菌盖直径2.6～3.5厘米，菌柄长4～6厘米；三级菇，菌盖直径3.6～4.5厘米，菌柄长6厘米以下。

第四章　秀珍菇

第一节　概　　述

秀珍菇，又称环柄侧耳、环柄斗菇、白环柄侧耳，是平菇的一种，在分类学上属于真菌门担子菌纲伞菌目侧耳科侧耳属。秀珍菇这个名称来源于台湾，其菇体姣小，柄长5～6厘米，盖直径一般小于3厘米，所以称为秀珍菇（图4–1）。

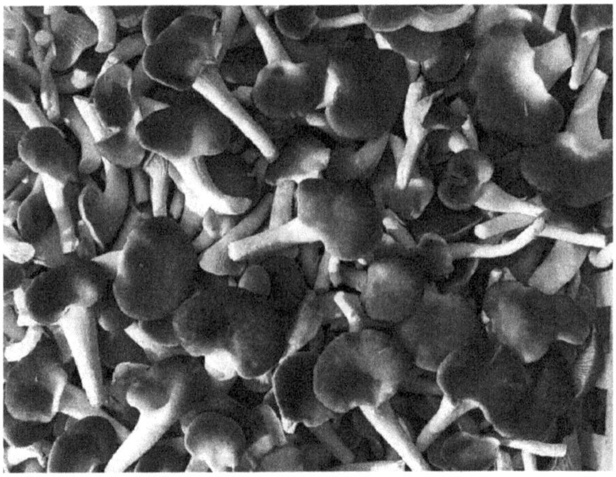

图4–1　采摘后的秀珍菇

一、形态特征

秀珍菇子实体单生或丛生，菌盖呈扇形、肾形、圆形、扁半球形，生长后期菌盖会逐渐平展，成熟时菌盖横径1.5～3厘米，表面光滑，边缘薄且常出现波曲状，初内卷、后反卷，有或无后沿。菌盖一般灰白色或灰褐色，菌肉白色厚度中等。菌褶为延生，狭窄密集且不等长，一般为白色。菌柄白色，多数侧生，间有中央生，上粗下细，宽0.4～3厘米或更粗，长2～10厘米，基部无绒毛。

二、营养价值

秀珍菇营养丰富，富含蛋白质、多糖、脂肪、维生素和微量元素，鲜菇中蛋白质含量较丰富，氨基酸种类较多，且含有8种人体必需氨基酸。

据测定，秀珍菇中含蛋白质3.65%~3.88%、粗脂肪1.13%~1.18%、还原糖0.87%~1.80%、碳水化合物23.94%~34.87%、木质素2.64%、纤维素12.85%、果胶0.14%等。可见秀珍菇是一种高蛋白、低脂肪的营养食品。由于其鲜美可口，具有独特的风味，常被称为"味精菇"。

三、生长发育条件

秀珍菇是腐生性菌类，同其他真菌一样，不含叶绿素，不能自行进行光合作用制造养分，需避光遮阳，完全依靠现成的有机物质生活。发育过程中所需要的碳素、氮素、矿物质等，均从栽培料内获得。

（一）营养

秀珍菇是一种生命力很强的木腐菌，能分解纤维素、木质素等，利用多种有机含氮化合物。栽培秀珍菇的主要原料是棉籽壳、阔叶木屑、甘蔗渣和农作物秸秆。辅料则是麸皮、米糠、石膏、石灰等。

（二）温度

秀珍菇菌丝生长温度范围为2~35℃，但以24~26℃最为适宜。温度低于10℃，菌丝基本停止生长;10~20℃，菌丝生长缓慢；高于30℃，菌丝生长稀疏，色泽变黄，易老化;高于37℃，菌丝停止生长。子实体生长温度范围较广，5~30℃条件下都能出菇，以10~26℃为最适。原基形成和菇蕾生长最适宜温度是15~20℃，温度低于10℃，很少再产生原基，低于15℃，子实体生长缓慢，高于25℃，菇蕾生长快，成熟早。菌盖成熟时多呈漏斗状，所以在栽培过程中要及时检测环境温度（图4–2）。

（三）湿度

秀珍菇栽培过程中也要做好湿度监测（图4–3）。菌丝生长要求培养料湿度为60%~65%，发菌期环境湿度以65%为好，从原基形成至子实体成熟，要求空气相对湿度为85%~90%。空气相对湿度低于70%时，原基产生少，菇朵易干萎，70%~80%时生长较慢，高于95%时子实体易变软腐烂。

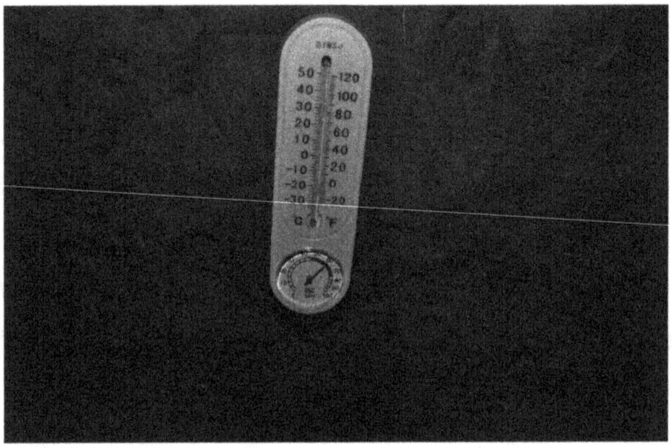

图4–2 秀珍菇山洞栽培过程中测温

图4–3 大棚栽培秀珍菇温湿度监测

（四）空气

秀珍菇属好气性种类，在菌丝生长和菇体发育过程中均需要新鲜的空气。菌丝生长阶段，可通过开闭门窗实现换气。子实体阶段，则需要有良好的通气条件，需加大通风换气，补充一定量的氧气，以保证出菇阶段对氧气的需要。如场地通风不畅，空气中二氧化碳体积分数高于0.1%，菇体易长成畸形，形成菌盖小、菌柄长的畸形菇。

（五）酸碱度

秀珍菇喜欢偏酸性的环境，pH值5.8～6.2时菌丝生长良好。酸碱度调节可采用石灰磷肥加以改变，用试纸进行测量。

（六）光照

秀珍菇发菌期不需要光线，在出菇和菇体发育过程中需要一定的散射光，以诱导原基形成和分化。子实体生长期光照宜为200～2 000勒克斯，即在出菇房角落里能看清报纸上的五号字，此时子实体生长正常。没有光照，子实体不能产生；光线过暗，易形成畸形菇；光线过强，特别直射光易造成子实体干枯。

第二节　栽培管理技术

秀珍菇无论在食用、栽培还是产量等方面均比通常栽培的平菇有更多的优点。由于其菌丝生活力极旺盛，具有很强的腐生能力，所以极易进行人工栽培。可以利用稻草、麦秆、木屑、棉籽壳、玉米芯、香蕉秆、废棉、茶叶渣等农作物茎秆作原料来源进行栽培。

一、常见品种

（一）中高温型秀珍菇

菌盖偏薄，浅褐色或灰褐色，菌柄较细，口感较粗韧，较耐高温（30～33℃），出菇不需大的温差刺激，菇潮不太集中，菌丝不需要长时间后熟。典型的中高温型秀珍菇品种有秀珍菇5号、秀珍9号、日秀、夏秀、秀71号、杭农1号等。

（二）中温型秀珍菇

菌盖厚实，灰褐色至深褐色，菌柄粗壮，口感脆嫩，中温（15～25℃）出菇，出菇需要大的温差刺激，菇潮集中，菌丝满袋后需10～20天后熟期。典型的中温型秀珍菇品种有秀珍菇2号、秀珍8号、台湾秀珍菇、农秀1号等。

（三）中低温型秀珍菇

菌盖较厚实，灰褐色，温度高变浅灰至灰白色，菌柄较粗壮，口感较绵脆，中温略耐低温出菇（13～25℃），出菇不需要大的温差刺激，菇潮较集中，菌丝不需长时间后熟即可出菇。典型的中低温型秀珍菇品种有秀珍菇845、低温秀珍等。

二、栽培场地及设施

秀珍菇栽培场地要求地面平整，位势要高，周围环境清洁，水源充足且无污染，排水要好，交通便利。

每个秀珍菇大棚占地1 500米^{2}左右，通常采用木质结构大棚，大棚一般边高2.2米，中间高2.7米，宽5米，棚内栽培架每层间隔0.8米左右。大棚上面覆盖油毛毡或2厘米厚密织草苫，所有透气孔和门窗需安装25目的塑料防虫网，夏季还需在棚外覆盖遮阳网。

三、栽培季节

秀珍菇是中高温型菌类，出菇温度15～32℃，栽培时间应安排在晚春早秋。春季在3～4月生产菌袋，此时气温较低，菌丝长满袋需50～60天，后熟时间需25～30天，一般6～7月才开袋出菇，可选用高温型品种，如夏秀丽、黑秀1号。秋季应在9～10月，此时气温适宜，菌丝长满袋需30～35天，后熟时间约需20天，一般11～12月开袋出菇，到次年3月左右出菇结束，可选用中低温型品种，如秀珍菇845、低温秀珍等。

四、栽培管理

（一）菌包制备

1. 栽培料制备

栽培秀珍菇原料应立足本地，资源因地制宜（图4–4）。玉米秆、花生秆、花生壳、稻麦秆等都可加工粉碎后作为培养料。培养料的碳氮比应控制在（20～30）：1。

图4–4 秀珍菇栽培配方试验

配方主要有以下几种。

① 杂木屑75%，麸皮8%，玉米粉10%，石膏2%，黄豆粉3%，碳水化合物1%，磷酸二氢钾0.2%，硫酸镁0.1%，石灰1%。

② 杂木屑50%，玉米芯粉26%，麸皮15%，玉米粉5%，蔗糖1%，石膏粉1%，石灰2%，磷酸二氢钾0.2%，硫酸镁0.1%。

③ 棉籽壳93%，麸皮5%，碳水化合物和轻质碳酸钙各1%。

④ 棉籽壳40%，甘蔗糖40%，麸皮18%，轻质碳酸钙2%。

⑤ 棉籽壳90%，谷壳4%，葡萄糖1%，蛋白胨0.5%，谷氨酸0.5%，麸皮4%，石灰少量。

⑥ 玉米芯粉65%，木屑15%，麸皮8%，玉米粉10%，尿素0.2%，磷酸二氢钾0.3%，石灰和轻质碳酸钙各1%。

⑦ 棉籽壳粉92%，麸皮5%，蔗糖1%，石膏粉1%，石灰1%。

秀珍菇菌丝对木质纤维的分解利用能力较弱，使用木质原料需提前进行软化分解处理，即使用前2～3个月将粗木屑置于水泥场地上浇透水，每隔7天翻堆浇水，使木质纤维软化分解；棉籽壳和细木屑应预湿，即在在使用前3天用1%的石灰水淋透，每隔一天翻堆一次备用（图4-5）。草料、玉米芯、蔗渣之类的培养料应粉碎成比豆粒还小的颗粒，以免装袋时将袋扎破。

图4-5 预湿好的棉籽壳

2. 装袋与发菌

秀珍菇栽培工艺与平菇熟料栽培几乎相同。拌料时应将各种料混匀，调节含水量至60%～65%，以手紧握料时指缝中有2～3滴水滴出为宜。塑料袋选择17厘米×33厘米×0.05厘米或20厘米×35厘米×0.05厘米的聚丙烯袋或高密度聚乙烯。装袋时，装料松紧适度，以培养料紧贴袋壁为度（图4–6）。装完料袋，料面压平，将袋内外培养料擦尽，然后用线扎口，放入灭菌器内灭菌。在125℃条件下高压灭菌2小时，然后出锅移到洁净室内。待温度降到30℃以下，即可在无菌条件下将菌种接入，每瓶（袋）栽培种可接20～30袋。接完置于常温20～28℃的场所培养（图4–7），经30～40天菌丝长满袋后可出菇。发菌期间应每隔7～10天检查一次，发现有杂菌的菌包应立即捡出，以防蔓延（图4–8）。

图4–6　装袋

图4–7　接种完毕刚进入发菌室的菌包

图4–8　对移入出菇房的菌包进行检查

（二）出菇管理

温湿度管理是出菇管理的重要环节（图4–9）。菌袋进菇房养菌2天后，沿颈圈将塑料袋割掉，刮去原生老的菌种或肥大的原基，此时可在菇房中悬挂喷湿的无纺布或使用加湿器，使菇房的相对空气湿度保持在90%。连续3～5天，温度保持在23～25℃，并每天给予一定的漫射光。此时菇房应该勤喷水，小通风，二氧化碳体积分数控制在0.1%以下即可。3～5天后可见料面上原基开始分化，并形成大量的菇蕾时，应该将无纺布收起来，增强通风和光照时间，或全天通风，但湿度一定要保持在85%～90%。此时菇蕾分化很快，切忌向菇蕾直接喷水，否则菇蕾易变黄萎缩死亡。待菇柄伸长达3～4厘米，菌盖直径达2厘米且渐平展时，可用细喷雾器勤喷雾，雾点可直接喷在菇体上，在干燥的天气条件下，要细喷和勤喷。1～2天后即可采菇。

秀珍菇的第1潮菇菌丝养分积累最为集中，所以产量也是所有潮次中最高的。第1潮菇全部采完后，最好当天能全部刮净表面干老根与枯死的菇及菇蕾，可直接刮至新鲜的培养料。刮完后菇房的湿度只能维持在70%～80%，不可直接向料面喷水，让培养料表面干燥一点，以防止出现新鲜料面霉菌病害及部分虫卵的孵化，料面太干时可用喷雾器稍喷一点细雾，在此条件下养菌6～10天（图4–10）。

图4–9　大棚秀珍菇温湿度管理

图4–10　采收完第1潮的秀珍菇菌包

经养菌后的菌袋在第2潮菇出菇前需进行补水，使每个袋增重30～50克。畦栽覆土的土面要保持不干不湿。补水后有条件地把菇房的菌袋置于10℃以下的低温环境中刺激1～2天，或通过昼夜10℃左右的温差刺激3天，同时抑制杂菌生长。管理方法同第1潮菇，此时通风保湿第一重要。第3潮至第6潮菇的管理与第2潮菇类似，关键是养菌与增水的处理要合适，才能达到稳产高产。

秀珍菇整个生长周期需3～4个月（图4–11），可采5～7潮，产量主要集中于1～3潮。每潮产菇相隔8～12天，生物学效率可达80%～100%。

图4–11 正在逐步出菇的秀珍菇菌包

（三）采收

秀珍菇子实体成熟标志为菌盖长至2～3厘米，菌盖边缘内卷，在孢子尚未弹射时采收为宜。采收时一手压住培养料，一手抓住菇体轻轻扭转即可拔下。秀珍菇多为丛生，采收时必须整丛一次采收完。秀珍菇在适宜的温湿度条件下，生长速度很快，要及时采收，必要时一天可采两次，长得过大会降低风味。采收后要及时整理鲜菇，清除菌柄上的杂物，并按商品规格要求剪去部分菌柄，捡出破损和受病虫害侵染的子实体。

秀珍菇保鲜可以采用简易包装、冷藏、低温气调贮藏等方法。其中简易包装主要利用塑料食品盒进行包装，此方法简便易行、成本较低，适用于短期保鲜的需要，结合冷藏保存，一般可以保持10天不变质，外观形态也基本无变化。

第三节　工厂化栽培秀珍菇

食用菌工厂化生产是指在可控环境条件下实现食用菌规模化、集约化、标准化、周年化生产，生产中每个环节都采用机械化设备设施操作。

一、厂区分布

厂区要规划好原材料区、栽培料制备区、接种区、菌丝培养区、栽培出菇区、商品加工区等。同时要配备粉碎机、拌料机、装袋机、转运车、高压灭菌锅、无菌接种装置、通风温控装置等设备。

二、生产工艺流程

栽培料制备→装袋接种→灭菌→发菌养菌→出菇管理→采收加工→转潮管理→菌渣处理。

（一）栽培料制备

栽培料的制备在拌料机中进行。拌料机由水箱、一级搅拌池、二级搅拌池组成。运用机械的好处是，搅拌均匀，装袋松紧适度，优于人工操作。将这些培养料加入拌料机的一级拌料池中进行初步搅拌，然后打开水箱的水管，开启拌料装置，进行搅拌即可。大约搅拌15分钟后，用小铲取一点栽培料培养基，用手挤压，以有水渗出却不滴下为宜。此时的含水量为60%左右，为最佳含水量。接下来测试培养基的pH值。将pH试纸放在栽培料培养基中，使试纸完全湿透，对照试纸标准，以pH值7.0～8.0为宜。当载培料含水量和pH值两方面都符合要求的时候，就通过输送带进入二级拌料池中进行再次拌料。二次搅拌20分钟后，就可以通过输送带传送到装袋机上进行装袋。

（二）装袋接种

装袋机由灌入口、压紧口、撤袋口三部分组成。首先在装袋机的灌入口套上规格为13厘米×27厘米、厚度为0.04毫米的聚丙烯袋。由灌入口灌入栽培料，压紧口将料压实，然后人工将袋撤下，用手将袋口塞到培养料内部，将袋口堵住，最后反过来放在铁筐内就可以了。用转运车将整筐的栽培袋培养基整齐地排放在旁边的灭菌室内。排成一个长10米、宽5米、高2米左右的长方体，就可以进行下一步灭菌工作了。

（三）灭菌

工厂化栽培秀珍菇，一般采取高压灭菌方式，开始先抽两次真空，升温至105℃时保温0.5小时，115℃保温0.5小时，125℃保温4小时。注意抽真空的速度不能太快，否则容易造成菌包胀气破损。灭菌结束后降温至50℃出锅，待菌包降温至24～29℃时即可接种。接种在无菌室进行，接种过程要做到快、准、净。

（四）发菌养菌

接种后的菌包转运至经过消毒的发菌室。菌袋依然竖立在塑料筐中，整齐摆放在养菌架上。保持发菌室黑暗通风，温度在20～24℃，空气相对湿度在65%左右。发菌10天左右料温基本稳定下来，一般25～30天菌丝即可发满菌包，再后熟培养5～10天。待料面出黄水并出现少量菇蕾时，即可将菌包转入出菇房进行出菇管理。在整个发菌过程中要经常检查菌袋有无污染，如发现污染菌袋须及时销毁处理（图4–12）。

图4–12　查看秀珍菇出菇情况

（五）出菇管理

出菇房内，菌袋横向插入栽培架网格中，码放整齐后拔掉袋口的套环塞盖，使袋口朝向操作过道。在原基分化阶段，要加大温差刺激，温度降低到5～10℃培养12小时左右，并适当增加光照，3～5天后子实体原基分化达到最大量。在菇蕾形成阶段，要保持温湿度平稳，适量喷雾，减少通风。在子实体生长阶段，当菌柄不断伸长变粗、顶端形成青灰色圆帽时，减弱光照，减少通风，每天喷水3～4次，温度控制在15～18℃，可提高一级菇的成品率。

（六）采收加工

秀珍菇生长速度很快，一般开袋后10天左右即可采收第1潮菇。秀珍菇采摘要求极高，长到3厘米左右必须采摘，需要大量的工人24小时轮班采摘（图4-13）。采后削剪菇根，装入塑料袋，抽真空后装箱送到市场或超市销售。

图4-13　工厂化秀珍菇采收

第五章　玉木耳

第一节　概　　述

玉木耳是由吉林农业大学李玉院士团队选育的食用菌新品种，又称白玉木耳，在福建、浙江等南方地区俗称竹耳。以小兴安岭、佳木斯桦南地区、伊春地区产的玉木耳品质为佳。玉木耳对产地环境要求极高，且产量低、价格高，但由于其营养丰富，是替代黑木耳的珍贵食用菌。食用方法与黑木耳相同，泡发后食用。

玉木耳抗杂能力强、生物学效率高，是一种新兴的可人工栽培的菌类，已在山东、吉林、辽宁等地栽培成功，目前邹城市吊袋出菇（图5-1）、墙式出菇模式产量稳定，已达到规模化生产标准，市场前景非常广阔。

图5-1　玉木耳吊袋栽培

一、形态特征

玉木耳菌丝体无色透明，呈细绒毛状，生长均匀一致，整齐，爬壁力强。子实体状如耳朵，色泽洁白。新鲜的玉木耳呈胶质片状，晶莹剔透，耳片直径4～8厘米，厚度0.8～1.2毫米，有弹性，腹面平滑下凹，边缘略上卷，背面凸起，并有纤细的绒毛，呈白色或乳白色（图5-2）。玉木耳圆边、单片、小碗、无筋、肉厚，是木耳种植者追求的最佳品质。干燥后收缩为角质状，硬而脆，背面乳白色。入水后膨胀，可恢复原状，柔软而半透明，表面附有滑润的黏液（图5-3）。因其质地柔软，味道鲜美，营养丰富，可素可荤，不仅为菜肴大添风采，而且有一定药用价值，所以受消费者喜爱。

图5-2　鲜品玉木耳耳片

图5-3　泡发后玉木耳

二、主要价值

木耳含有大量碳水化合物、蛋白质、铁、钙、磷、胡萝卜素、维生素等营养物质，而玉木耳更是富含人体所需的20种氨基酸中的17种。此外，玉木耳还含粗蛋白质7.3%，粗脂肪2.7%，多糖6.56%，不饱和脂肪酸6.22%，膳食纤维35.1%，商品性好，是名副其实的“白富美”。

玉木耳具有补血、减少血液凝结、润肺、化解结石等功能，背面的毛中含有丰富的多糖物质，具有较高的抗癌活性。同时，还有滋阴壮阳、清肺益气、降血浆胆固醇、抑制血小板聚集等诸多特殊功效。由于玉木耳的膳食纤维含量较高，故对食用者的胃肠蠕动、消化吸收均有较好的帮助和促进作用；所含纤维素酶能分解纤维素，富含胶质和磷脂分子，对不溶性纤维尘粒等具有较强吸附力，长期食用能消除肠胃杂物，是纺织、采矿、理发等行业的理想保健食品。

玉木耳是新品种，市场上几乎没有相同产品，因此生产者具有自主定价权。玉木耳作为毛木耳的白色变种，兼具毛木耳特性，抗杂能力强，生物学效率高，经济效益可观。

三、生长条件

（一）温度

温度是决定玉木耳生长发育速度和生命活动强度的重要因素。玉木耳属中高温型菌类，它的孢子萌发温度在22～32℃，以30℃最适宜。子实体所需的温度低于菌丝体。菌丝在15～32℃条件下均能分化为子实体，而生长最适宜温度为20～28℃，在8℃以下或38℃以上受到抑制。玉木耳菌丝能耐高温不耐低温，长时间低温可以导致玉木耳菌丝死亡，所以玉木耳的保藏温度最好在8℃以上。在适宜的温度范围内，温度稍低，生长发育慢，生长周期长，菌丝体健壮，子实体色白，肉厚，有利于获得高产优质的玉木耳；温度愈高，生长发育速度愈快，造成菌丝徒长，纤细脆弱，易衰老，子实体色淡肉薄，质量次之。若在高温高湿的条件下，子实体易腐烂，出现“流耳”现象。成熟的担孢子在22～32℃之间均能萌发。

（二）湿度

水不仅是玉木耳的重要成分，也是其新陈代谢、吸收营养必不可少的基本物质。玉木耳在生长发育的各阶段都需要水分。

在不同的生长发育阶段，玉木耳对水分的要求是不同的。玉木耳的孢子萌发需要水分，在固体培养基上萌发时间稍长，在子实体发育期间更需要大量水分。玉木耳生长发育所需水分绝大部分来自培养料，而培养料含水量又是出耳的重要因素。常规培养基的含水量，就可以满足孢子萌发对水分的要求。

玉木耳在菌丝体的定植、蔓延和生长时期，要求段木含水量为35%～40%，培养料的含水量应为60%～70%，菌丝生长阶段空气相对湿度保持在70%左右。水分过少，影响菌丝体对营养物质的吸收和利用，生活力降低；水分过多，导致透气性不良，氧气不足，使菌丝体的生长发育受到抑制，甚至可能窒息死亡。子实体形成阶段需要较高的水分，子实体形成时期对湿度要求比较严格。除培养基要求含水量70%外，还要求空气相对湿度保持在90%～95%。这样可以促进子实体生长迅速，耳大，肉厚。当空气相对湿度低于80%，子实体形成迟缓，甚至不易形成子实体。

玉木耳属于胶质菌类，晴雨相间的天气，有利于菌丝纵深生长蔓延，促进耳片的发育、展开。一次降雨，可以吸收其干重15倍的水分。天晴后，耳片强烈收缩，具有较强的抗旱能力。干湿交替的水分管理法是目前人工栽培玉木耳增产的有效措施。

（三）光照

玉木耳各个发育阶段对光照的要求不同。在黑暗或有散射光的环境中，菌丝都能正常生长，菌丝生长阶段，一般不需要光线，子实体形成阶段，需要一定的散射光。在黑暗的环境中玉木耳很难形成子实体，只有具备一定的散射光，才能生长出健壮子实体。如果散射光不足，子实体生长发育则不正常。光照强度为150勒克斯时，子实体色泽趋淡；光照强度为200～400勒克斯时，子实体为淡黄色。光对玉木耳从营养生长转向生殖生长有促发作用，可能与参与菌类生理转化的酶受光诱导或激活有关。但是玉木耳畏直射光，直射光会影响玉木耳品质。

（四）空气

玉木耳是好气性真菌。它的呼吸作用是吸收氧气排出二氧化碳。当空气中二氧化碳体积分数超过1%时，就会阻碍菌丝体生长，子实体成畸形，变成珊瑚状，往往不开片；二氧化碳体积分数超过5%，就会导致子实体中毒死亡。因此，在玉木耳整个生长发育过程中，栽培场地应保持空气流通新鲜，以保证菌丝生长时对氧气的需要。若栽培场地通风不良，则耳片不易展开，形成鸡爪耳，失去商品价值。在制作菌种时，培养料的水分不可太多，装瓶不能太满，以供给菌丝体必要的氧气。另外，保持良好的通风条件，可以避免耳片霉烂和减少杂菌的感染及病虫的滋生。

（五）酸碱度

玉木耳嗜微酸性条件，适宜在微酸性的环境中生长。菌丝体在pH值4～7范围内都能正常生长，以pH值5～6.5为宜。

第二节　栽培管理技术

一、栽培场地及设施

（一）栽培场地

场地应选在地势平坦开阔，环境清洁，靠近水源，给排水方便，交通便利，远离工矿业的“三废”及微生物、粉尘等污染源。

（二）耳棚结构

简易拱棚、钢架拱棚均可，长度不超过60米，宽度7～12米，棚顶高3.5～4米，肩高1.5～1.8米；两头开门，棚门为推拉门，门宽1.5～2米。棚内设立柱，高2.2米，立柱间距2米左右，每排立柱上横向搭建钢管，纵向间隔130厘米左右搭建两根钢管，两根钢管间距40～50厘米，形成吊袋框架。棚内顶部沿棚方向铺设喷水管道，间距1.5米，喷水管每间隔1.2米设一个雾化喷头，耳棚覆盖塑料薄膜及遮荫网（遮荫度95%），两侧安装卷膜器。

二、栽培季节

玉木耳属中高温型菌类，子实体生长（出耳）要求的温度为15～32℃。栽培袋在合适的养菌条件下，接种固体菌种一般需要35天左右长满，接种液体菌种则需要25～30天长满。在山东地区，4月气温达到15℃以上时，棚内温度就可以保证正常出耳。按这个时间往前推30～35天，那么春耳的栽培袋生产时间就应该为3月左右。

三、栽培技术

（一）培养料配方

① 木屑66%，稻糠15%，精稻糠15%，豆粕粉2%，石膏1%，石灰0.5%，蔗糖0.5%。

② 木屑80%，米糠15%，豆粕粉2%，玉米粉2%，石膏1%。

③ 粗木屑40.5%，细木屑40.5%，麸皮10%，豆粕粉2%，高粱壳5%，石灰1%，石膏1%。

④ 木屑65%，稻糠30%，豆粕粉2%，石膏2%，石灰1%，蔗糖0.5%。

⑤ 木屑77%，麸皮20%，豆粕粉2%，石灰0.5%，石膏0.5%。

⑥ 花生壳粉30%，木屑25%，玉米芯粉25%，麸皮18%，石膏1%，石灰1%。

（二）具体流程

1. 拌料及装袋

木屑一定要过筛，筛出石块、树皮、枝桠、金属等杂物，拌料时先将小料和辅料混合；然后加入主料干拌均匀，再加水拌，大的生产企业往往选用三级拌料程序使培养料充分混匀。装袋高度为19～22厘米，质量1.2～1.3千克为宜。

2. 灭菌

灭菌分常压灭菌和高压灭菌两种方法。常压灭菌的一般程序是：栽培包置入灭菌锅后，常压灭菌送蒸汽，该过程为12～14小时。高压灭菌要使用高压灭菌锅，并一定要设定特殊的灭菌程序，一般109℃灭菌4小时即可达到灭菌效果。

3. 冷却

灭菌之后，袋温很高，如果此时立即打开灭菌锅门，可使外界冷空气快速“倒吸”进入栽培包内导致污染。因此灭菌后，待锅内温度降至80℃以下后再出锅。出锅后，不可放在极端低温下进行强制冷却，待菌包温度常温降至30℃以下，方可开始接种。

4. 接菌

挑选洁白、粗壮、浓密、均一、无杂菌污染、无老化干缩的优质菌种，用75%乙醇进行表面消毒，连同表面消毒后的接种工具一起与栽培袋放入接种箱或接种室，灭菌消毒后，在酒精灯火焰口附近进行接种，菌种覆盖料面即可。

5. 发菌管理

（1）发菌室的准备

发菌室要求洁净卫生，通风良好。每次接菌后发菌室都要进行消毒处理。消毒方法可用食用菌专业气雾消毒剂熏蒸消毒，也可以用臭氧消毒机，每次消毒40～60分钟，共消毒3次。

（2）菌袋入发菌室

将接好菌种的菌袋放在发菌架上，要求菌袋不能被划破，放在架子上时不能将菌袋刮到培养架横梁上，防止出现微孔而污染。具体摆放应根据不同的培养条件而定。可以立放，也可以卧放，条件允许的话可以采用单层立放为最好。

（3）菌袋养菌管理

① 前期管理　菌袋进入培养室1～9天，此时，由于菌种刚刚接入培养基中，菌丝受到损伤，且对新环境有一个适应过程，菌丝对杂菌抵御能力差，菌袋培养属于最不安全期，极易造成杂菌感染。第1～3天菌袋温度维持在28～30℃，暗光培养，可以不通风；第4～9天每天可以降温1℃。由于此时玉木耳菌丝需要恢复生长，快速定殖，而此时菌丝生长量小，呼吸代谢较低，二氧化碳排出量少，可以不用通风。尽量少移动，不用挑杂菌。

② 中期管理　菌丝培养到第10天，菌丝已经扩展到直径约一元硬币大小，菌丝进入快速生长期，呼吸代谢加快，菌丝量不断增长，呼出的二氧化碳量增多，菌袋开始升温。此时应根据室内温度、二氧化碳体积分数情况加强通风，并挑出杂菌污染，逐渐降温至25℃。15～20天后，温度降至22～23℃，加强通风次数。此时已经可以看到部分菌袋菌丝穿透基料，袋壁可见白色菌丝。

③ 后期管理　培养20天以后，菌丝大量生产，呼吸代谢加快。此时应通过降温，降低代谢，加大通风量，增加通风次数，并对环境适当增湿。要注意观察散热较差区域菌袋温度，以防局部袋温增高过快，造成烧菌。培养25天时，菌袋基本能够长满菌丝，管理不好的35天也可以长满菌袋，长满袋后还需要后熟6～7天。

6. **出菇管理**

（1）打孔和催芽

玉木耳完成后熟以后，就可以进行出耳管理了，为使生产中同步、快速出耳，生产中通常采用划口定位，集中催耳的办法。

① 划口　经后熟后的木耳菌袋，就可以划口出耳了，“V”形口和“I”形口多生产朵形较大耳片，“+”形口和“△”形口多生产小孔单片玉木耳，通常每袋划口40～60个，口深0.5～1厘米，小孔单片划口要深至1厘米，否则会影响原基形成、出耳和产量。目前划口通常采用专用工具或机器划口。

② 催耳　菌袋划口后，进入原基形成和耳芽发生阶段，也就是玉木耳由

营养生长转入生殖生长阶段。为确保原基迅速形成，必须注意以下几点：打孔后的菌包应码垛催芽，在大棚中铺上草席或地膜，将菌包整齐码放不超过四层，横向之间应留10厘米左右的距离，保证小环境的温度；码放好后立即覆盖一层草苫，保证湿度，草苫应选用无霉变、干燥的草席，棚内空气相对湿度控制在80%～85%，可向地面洒水控制湿度，温度自然维持在25℃，减少通风，切勿通大风使打孔处料面发干；温度适宜时亦可选择直接挂袋催芽。

（2）挂袋

催芽后可见明显菌丝和出现微小原基时，应进行挂袋处理。由于玉木耳适合棚式栽培，在栽培棚中每三股绳挂6～8袋。吊袋时要注意以下几点。

① 将菌包接种口处朝下，防止在该处积水，造成污染。

② 上面一排菌包不可离浇水管过近，使得喷雾水滴无法浇到下层菌包。

③ 下面一排菌包不可离地面过近，由于下层湿度大，菌包离地面过近不仅会使得采收不方便，同时会造成上下耳片生长差异大，对一致性造成影响。

（3）出耳管理

玉木耳出耳期间需一直保持较大的湿度（90%以上）。故应勤浇水、少浇水，保证耳片不干燥，可选择持续通微风，即通风薄膜空隙15～20厘米。若遇大风天气，应将大棚两侧的薄膜拉下，留纵向的通风口。待耳片长大些，可适当加大通风和湿度，但仍要保证耳片不干燥。

玉木耳在阳光下暴晒容易受青苔的侵染，因此栽培过程中必须保持暗光或散射光培养，不可接受太阳直射光。

7. 采收及晾晒

一般玉木耳从耳芽时期长到直径5～8厘米的成熟子实体需要10天左右。当子实体生长到直径5～8厘米，腹面有明显白色孢子弹射时就可以采摘。采摘时要注意不能留下耳根，否则会导致细菌污染。玉木耳耳片可以长到“手掌”大小，因此视市场的需求控制耳片采摘的大小也很重要。

玉木耳采收后要及时鲜销或晾晒。晾晒时将耳片单层摆放不能重叠（图5–4），这是因为重叠晾晒出的耳片会变黄、变褐，影响质量。

图5-4　玉木耳晾晒

8. 干制玉木耳分级标准

① 一级干制玉木耳　耳片乳白色，有光亮感，朵片完整，不能通过直径2厘米的筛眼；不允许有拳耳、流耳、流失耳、蛀虫耳和霉烂耳；含水量不超过14%；干湿比为1∶15以上；耳片厚度1毫米以上；杂质不超过0.3%（图5-5）。

图5-5　一级干制玉木耳

② 二级干制玉木耳 耳片米黄色；不允许有拳耳、流耳、流失耳、虫蛀耳和霉烂耳；朵片完整，不能通过直径1厘米的筛眼；含水量不超过14%；干湿比为1∶14以上；耳片厚度为0.7毫米以上，杂质不超过0.5%。

③ 三级干制玉木耳 耳片多为米黄色发暗；拳耳不超过1%；流耳不超过0.5%；不允许有流失耳、虫蛀耳和霉烂耳；朵小或成碎片，不能通过直径0.4厘米的筛眼；含水量不超过14%；干湿比为1∶12以上；杂质不超过1%。

第三节 栽培常见问题

玉木耳立体栽培中，病虫害防治是需要注意的问题。

一、主要种类

病害主要分为生理性病害（烂耳、红根、黄耳、畸形等）和真菌病害（木霉、链孢霉、青霉、毛霉等）；虫害主要有螨虫、跳虫、菇蚊、菇蝇等。

二、防治原则

按照"预防为主，综合防治"的植保方针，坚持"以农业防治、物理防治、生物防治为主，化学防治为辅"的治理原则。以规范栽培管理技术预防为主，对玉木耳病虫、杂菌采取综合防控措施。使用农药应符合国家标准GB/T 8321农药合理使用准则和国家农业行业标准NY/T 1276农药安全使用规范总则的规定。禁止使用国家明令禁止使用和限制使用的农药品种，出耳期不得向子实体喷洒化学药剂。

三、防治方法

针对不同的病虫害采取不同的防治措施，比如选择合适的农药喷雾、对生长环境进行清洁、及时更换种植材料等。除了使用合适的农药喷雾外，还可以采取其他措施科学防治病虫害，例如，通过加强环境卫生管理，及时清除垃圾、杂草等，减少病虫害的滋生和传播。在病虫害防治过程中，需要科学施药、安全使用农药，遵守农药使用标准和操作规程，避免农药残留和环境污染。具体分为以下几种方法。

（一）农业防治

选用抗逆性强、安全高效的适龄菌种；适时栽培，科学管理；调节好通风、湿度和温度的关系，搞好环境卫生。

（二）物理防治

受杂菌侵染严重的菌棒应及时清除、销毁，局部杂菌感染的菌棒可用石灰水涂抹感染部位，及时摘除病耳。大棚吊袋栽培模式棚内悬挂杀虫灯诱杀害虫。

（三）化学防治

在接种与发菌阶段及菌棒摆放前结合场地整理进行药剂消毒，以杀虫、杀菌。要使用高效、低毒、低残留药剂或已在食用菌上登记允许使用的药剂。可选用石灰对场地进行消毒，棚室必要时可用二氯异氰尿酸钠烟熏剂熏蒸，每立方米空间用量为4～5克。在玉木耳出耳期间，不得向子实体喷洒任何化学药剂。发生害虫可用菊酯类或石硫合剂对大棚周围进行多次喷施。

第四节　采后处理与食用

一、玉木耳采后处理

作为毛木耳白色变异菌株，玉木耳和毛木耳一样，主要是鲜销或晾晒干。玉木耳长至3～5厘米边缘内卷，有少量孢子弹射时应及时采收。采摘完成后要及时销售或晾晒干，防止褐变。晾晒时一般采用专门的防雨纱网晾晒架，让其四面通风，自然干燥，晾晒厚度2～3厘米，每2小时翻动一次，防止耳片粘连。下雨时及时覆盖塑料布，直至晾干（含水量低于14%）。晾晒完成后的玉木耳，可采用双层聚丙烯塑料袋密封包装，贮存场所满足防雨、防鼠、防虫、通风、干燥、清洁、阴凉、避光的要求，严禁与有毒、有害、有腐蚀性、有异味、易污染的物品混放；晒干的玉木耳子实体在上述条件下密封贮存，保质期不超过24个月。运输时采用专用交通工具，避免日晒、雨淋，防止摔撞、重压，严禁与有毒、有害、有异味物品混运。

晒干后的玉木耳，经过泡发以后色泽温润如玉，洁白无暇，晶莹剔透。玉耳片圆边、少筋、肉厚、单片，口感清脆，营养丰富。

二、玉木耳的食用方法

1. 凉拌

将玉木耳放入盆中，加入适量的清水，凉水泡8小时以上，使其泡发。锅中加入适量的清水，煮至沸腾。然后，将玉木耳放入锅中焯烫5分钟左右，捞出，放入凉水中冷却。将其捞出，沥干水分，晾凉切宽条放入盘中，加入适量的盐、辣椒油、花椒油、蒜泥，拌匀。再往盘中撒入适量的花生碎或芝麻，按个人喜好放入适量香菜、辣椒段，最后，滴入少许芝麻油，即可食用。

2. 炒肉

玉木耳炒肉片是一道家常美味，营养丰富，口感清脆，是一道佐酒下饭的家常菜。玉木耳提前泡发。猪肉切成片，加入一点盐和小苏打淀粉上浆。西芹切成片，玉木耳撕成小朵。锅中注入水，烧开，玉木耳和芹菜焯水后沥干水分，另起锅，注入油，放入肉片，至肉片变色。加入料酒、生抽、糖翻炒均匀。倒入沥干水分的芹菜和玉木耳继续翻炒均匀。加入盐调味即可。

第六章　鸡腿菇

第一节　概　　述

鸡腿菇又名毛头鬼伞，在分类学上属担子菌亚门层菌纲伞菌目鬼伞科鬼伞属。因未开伞时形如鸡腿，味如鸡肉而得名（图6-1）。鸡腿菇生长周期短，生物转化率较高，易于栽培，特别适合农村种植，近年来种植规模迅猛扩大。

图6-1　鸡腿菇

一、形态特征

（一）菌丝体

菌丝体在前期呈白色或浅灰白色绒毛状，细密，气生菌丝不发达，一般贴培养基表面生长；后期覆土后，便加粗成致密的线状菌丝，只有形成线状菌丝才能结菇。生长好的母种常在斜面培养基内分泌黑色素沉积。

（二）子实体

子实体丛生或单生，菌盖初期圆柱状、光滑；中期钟状，有锈色鳞片；菌褶初期白色，后期浅褐色，老熟黑色并会流墨汁；菌柄白色、圆柱状、纤维质、上细下粗，基部膨大；菌环白色，位于菌柄中上部，易脱落。

菌盖由圆柱形向钟形伸展时，菌褶开始变色，由浅褐色直至黑色，子实体也随之变软变黑，完全丧失食用价值。在菌盖呈圆柱形，边缘紧包着菌柄时是最适采收期（图6–2）。

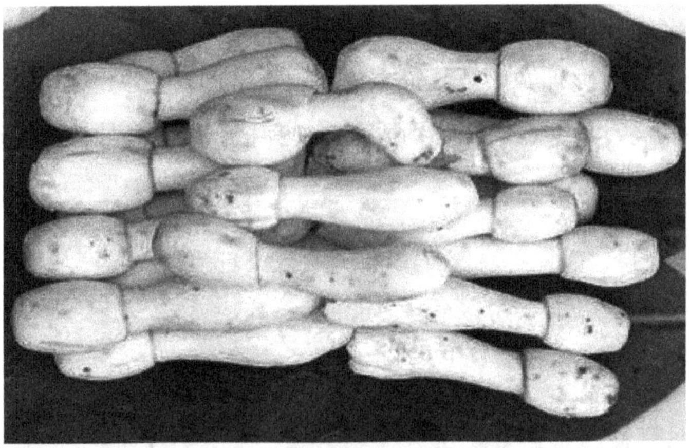

图6–2　新鲜采收的鸡腿菇

二、主要价值

鸡腿菇是联合国粮食及农业组织和世界卫生组织确定的16种珍稀食用菌之一，是一种食用兼药用的珍稀菌类。干品中蛋白质含量达25.4%，氨基酸总量为18.8%。含有20余种氨基酸，8种人体必需氨基酸全具备，其氨基酸比例合理，特别是赖氨酸和亮氨酸的含量十分丰富，而这两种氨基酸在谷物及蔬菜中是缺乏的。此外，还含有钙、磷、铁、钾等元素及维生素B_1等多种维生素，肉质细嫩、鲜美可口，经常食用有助于增进食欲，促进消化，增强人体免疫力，具有很高的营养价值。

如上所述，鸡腿菇也是一种药用蕈菌，鲜菇中含有治疗糖尿病的有效成分，对糖尿病患者有很好的辅助疗效。鸡腿菇味甘性平，有益脾健胃、清心安神、治疗痔、降低血压、抗肿瘤等作用。鲜菇中还含有多种生物活性酶，其中胰蛋白酶、麦芽糖酶等可以帮助消化，酪氨酸酶可降低血压，多糖化合物则有一定的防癌抗癌作用。菇体中所含的脂肪酸多为不饱和脂肪酸，食用后不会增加血液中的胆固醇含量，可以预防动脉硬化、心脏病及肥胖症等。此外，鸡腿菇对大肠杆菌、金黄色葡萄球菌、枯草杆菌还有一定的抑制作用。

由于鸡腿菇集营养、保健、食疗于一身，具有高蛋白、低脂肪的优良特性，且色、香、味、形俱佳。菇体洁白、美观，肉质细腻。炒食、炖食、煲汤均久煮不烂，口感滑嫩，清香味美，因而备受消费者青睐。

三、生长条件

（一）营养

鸡腿菇是一种适应能力极强的土生菌、草腐菌、粪生菌，对营养要求不严格，能利用的碳源与氮源很广泛。碳源有木糖、葡萄糖、半乳糖、麦芽糖、棉籽糖、甘露糖、淀粉、纤维素、石蜡以及各种农作物下脚料，如玉米芯、棉籽壳、菌糠及杂草等。氮源有蛋白胨和酵母粉（自溶物），各种铵盐和硝态氨，但无机氮和尿素均不是最适的氮源，一般麦粉、玉米粉、畜类粪便可作为栽培鸡腿菇培养料的氮的来源。在堆制培养料时，添加适量的尿素、硫铵等无机氮可加快培养料发酵和增加氮源。氮源和碳源作为主料，辅料有石灰、石膏、钙镁磷肥等，这些主料、辅料经合理配方和处理后，即可满足鸡腿菇对营养条件的需求。

（二）温度

鸡腿菇菌丝生长的温度范围为3～35℃，最适生长温度为22～28℃。鸡腿菇菌丝的抗寒能力相当强，冬季-30℃时，土中的鸡腿菇菌丝依然可以存活，但菌丝生长缓慢，呈稀、细、绒毛状。温度高菌丝生长快，绒毛状气生菌丝发达，基内菌丝变稀，35℃以上菌丝发生自溶现象。鸡腿菇子实体生长温度范围为8～30℃，最适生长温度为12～18℃。在此环境中，子实体生长慢，个头大、结实，形状像鸡腿，品质优良，贮存期长。温度高生长快，菌柄伸长，菌盖变小变薄，品质降低，极易开伞自溶。

（三）湿度

培养料含水量掌握在60%～70%，菌丝生长期空气相对湿度掌握在70%左右，子实体生长发育期空气相对湿度掌握在85%～90%。当空气相对湿度低于60%，子实体瘦小，菌柄硬，菌盖表面鳞片反卷；当空气相对湿度高于95%易发斑点病，子实体基部及菇柄易呈灰黑色腐烂，菇盖顶端多为黑褐色。熟料袋栽发菌阶段空气相对湿度以70%为宜，生料床栽发菌阶段空气相对湿度以70%～80%为宜。

（四）光线

鸡腿菇是弱光性菌类。菌丝生长阶段不需要光照刺激，强光对菌丝生长有抑制作用。但菇蕾分化及子实体生长发育阶段均需一定的光照。子实体生长对光线的要求也不是很严格，一定范围内，光线越弱，菇体越嫩白，商品价值高。然而鸡腿菇属鬼伞科，较耐光照，在较强光照条件下，子实体呈纸白色，绒毛多而密，因此鸡腿菇可与多种大棚蔬菜套种。

（五）空气

鸡腿菇是一种典型的好气性菌类，菌丝生长阶段和子实体生长阶段都需要大量新鲜空气。特别在子实体形成和生长阶段需氧量很大。

（六）酸碱度

鸡腿菇是喜偏碱性的菌类。最适pH值范围为6.5～7.5，生产中常将培养料及覆土材料的pH值调至8.0～9.0，喷水管理中还要适当喷1%～2%石灰水。

（七）覆土

鸡腿菇是土生菌类，子实体的产生及生长离不开土壤，若无覆土刺激，菌丝发育再好也不会形成子实体。可根据市场需求，灵活安排出菇时间，调节市场淡旺季，提高经济效益。

第二节　栽培管理技术

一、常见品种

鸡腿菇有单生种和丛生种之分。单生种，如Cc123、Cc125、Cc168等个体肥大，但总产量略低，单株菇重一般在30～150克，大的可达200克。丛生种如Cc100、Cc173、Cc-3、Cc91-1等个体较小，但总产量较高，一般丛重0.5～1.5千克。市场鲜销一般为丛生品种。优良品种的标准：子实体肥大，菌柄粗短，鳞片少，高产，抗逆性强等。

（一）Cc100

丛生，单丛50～100个菇，菌柄粗短，子实体肥大，不易开伞，优质高产。

（二）Cc173

丛生，菌柄脆嫩可口，高产优质，适于鲜销。

（三）低温H38

丛生，菇体肥大，色泽艳丽。耐低温，不易死菇。

（四）特白33

单生或丛生，较大，表面光滑，鳞片少，不易开伞，抗病力强。

（五）特大型EC05

为丛重1.2千克的野生鸡腿菇选育驯化而来的优良菌株。菇体洁白硕大，味道鲜美胜过草菇，产量与平菇相近，售价比平菇高1～5倍。适温范围广，菌丝3～35℃均可生长，8～32℃自然出菇。突出特点是抗杂、抗衰老。

二、栽培场地设施

鸡腿菇可在大中棚（图6–3）、草棚（图6–4）、砖瓦房（图6–5）中栽培。鸡腿菇较耐光照，故可与多数秋冬大棚蔬菜套种，产菇期可延长至1月中下旬。

图6–3 大中棚栽培鸡腿菇

图6-4　草棚栽培鸡腿菇

图6-5　砖瓦房栽培鸡腿菇

三、栽培季节

栽培时间的安排，以栽培40天以后，正遇12～20℃的子实体生长适宜温度为根据，一般要避开6、7月的高温天气。可春秋两季栽培，以秋栽为主。但秋栽不宜太早，因前期温度高易污染杂菌，导致栽培失败。一般需6～8月制种，9月下旬至11月下旬出菇。春季栽培，一般在11月至翌年2月制种（需适当加温发菌），4～6月出菇。还可结合鸡腿菇菌丝不易老化、不覆土不出菇的特性，根据市场供求安排覆土的潮次和数量。

四、栽培技术

（一）栽培料的制备

1. 配方

① 平菇废料45%，棉籽壳38%，麸皮15%，尿素0.5%，石灰1.5%。

② 平菇废料50%，棉籽壳38%，玉米粉10%，尿素0.5%，石灰1.5%。

③ 棉籽壳90%，玉米粉8%，尿素0.5%，石灰1.5%。

2. 栽培料发酵

（1）拌料

将下脚料、麸皮、粪、石灰等混合，将磷肥、尿素溶于水，结合翻料，将其洒入其中，最后使含水量达到70%～75%，pH值9.0～10.0。

（2）建堆、翻堆

堆成宽1.5～2米、高1～1.5米、长度不限的料堆，每隔50厘米打料孔（孔径3～5厘米），用草被和薄膜围盖料堆。温度达60℃左右时维持1天后翻堆，重新复堆打孔，重复翻2～3次堆。高温持续时间不要太长，否则培养料失水太多，营养消耗太大，出菇后劲不足，将会严重影响产量和效益。

发酵好的栽培料呈咖啡色，有酱香味而无酸臭味，含水量在65%左右（指缝有水泌出），pH值8.0左右（偏碱）（图6–6）。散堆降温至30℃以下准备接种。

图6–6 栽培料发酵

（二）装袋接种

用17厘米×30厘米的塑料袋装料，每袋装料0.25～0.3千克（折干料重）。按常规进行灭菌、冷却后接种。每瓶原种可接40袋左右，接种后移至培养室，可墙式叠放4～5层，控温22～28℃，要保持培养室环境清洁与干燥。将接种后的菌袋置于20～25℃的温度内发菌，一般培养30天左右，菌丝即长满料袋（图6-7）。再过5～6天，即可移入栽培场地进行脱袋埋土栽培。

图6-7　装袋接种

（三）脱袋覆土

选择阴凉通风的地方挖畦，畦床深20～25厘米，宽60～80厘米，长度不限。畦床底先撒一层石灰粉，脱袋后的菌棒竖立或横卧排放在床内，然后在菌棒的表面覆盖一层3～5厘米厚的肥土（图6-8）。用0.5%的石灰水浇透后再覆泥土，厚3～4厘米，调水至覆土层含水18%～20%。立即用喷雾器喷湿土层，最后用竹竿在床上搭30～40厘米高的小拱棚，拱棚上覆盖薄膜、草苫或遮阳网遮阴保湿。

图6-8 脱袋覆土

（四）出菇管理

出菇（图6-9）期间保持棚温15～25℃，空气相对湿度提高到90%左右，弱光照时子实体更加洁白，商品价值较高。覆土10天左右菌丝爬至覆土层的中上部位，此时喷一次重水后加强通风透气，促进子实体形成。如果有菌丝爬至覆土层表面，则需用细土粒覆盖。采收后清理料面，整平孔穴，喷2%石灰水，盖膜后7～10天又可现蕾，采完两潮菇后喷追肥。

图6-9 鸡腿菇爆发出菇

第三节 栽培常见问题

病虫害防治是保证鸡腿菇质量和产量的关键。

一、主要病虫害种类

主要的虫害有螨、菇蝇等；主要的病害有木霉、叉状炭角菌、胡桃肉状菌等。

二、防治方法

在生产中，坚持“预防为主、综合防治”的原则，科学防治才能取得良好的效果。防治鸡腿菇病虫害要从以下几个方面入手。

（一）农业防治

选择优质高抗品种；创造适宜的生育环境条件；轮茬种植。

（二）物理防治

通风口用防虫网封闭，减少病虫害的发生；利用频振杀虫灯、黑光灯、双波灯诱杀害虫。

（三）生态防治

在鸡腿菇生长发育的各个环节，调节好温度、水分、湿度、光照等。

（四）药剂防治

防治螨类可用20%三氯杀螨砜 1 000 倍液、炔螨特500倍液、洗衣粉400倍液等喷洒菇房及料面；产菇期一般药剂难以渗透，且对菇体为害较重，此时可采用磷化铝熏蒸杀虫剂在菇房进行密封熏蒸。防治菇蝇可用辛硫磷500倍液喷洒菇房。防治木霉可用0.1%～0.2%多菌灵溶液。防治胡桃肉状菌可用0.2%多菌灵溶液或波尔多液喷洒床面，也可用50%多菌灵可湿性粉剂和百菌清水乳剂700～800倍液交替喷雾。

第四节 贮运销售加工

鸡腿菇生长成熟快，且易开伞，鸡腿菇子实体在开伞时，菌褶就已变褐变黑，随后菌盖开始自溶，失去商品价值，因此其采收一般遵循“宁早勿晚”的原则。鸡腿菇与其他菇类不同，从覆土到出菇一般需7～8天，此阶段主要以保湿为主，结合覆土的干湿度适当给予水分补充。当床面原基大量形成后升高薄膜，进行出菇期管理。

一、采收上市

鸡腿菇的采摘标准为：当子实体长至圆柱形，颜色由浅变深，菇体结实不中空，菌盖上有少量鳞片，菌盖与菌柄未分离，菌盖边缘菌环开始松动时就要及时采收（图6-10）。如不及时采收，菌盖开伞后会变黑自溶，失去商品价值。采收时，用手捏住菌柄下部轻轻旋转拔起，成丛的要一块采，切忌用刀片切断菇脚使其留在营养土或培养料上。

图6-10 待采收的鸡腿菇

第1潮菇采收后，将营养土表面清理干净，待4～6天菌丝恢复生长后，及时补土并喷洒石灰水，12～14天即可进行第2潮菇的采收，可连续采收5～6潮。每采完一潮菇后要补充一次大水，以利夺取下一潮菇的高产。只要管理得当，共可采收5～7潮菇。

二、销售和加工

鸡腿菇的鲜菇、干菇（切片菇）、罐头菇均受欢迎。

采收后的鸡腿菇削净菇脚清理掉泥土和菇体上的鳞片后即可上市鲜销，鲜菇要及时销售或冷藏，送超市的鸡腿菇可用小竹片将鸡腿菇菌盖的鲜片刮掉，这样色泽洁白，外观好看。然后用透气保鲜膜包装，置于4～6℃条件下。

鸡腿菇也可脱水烘干，将新鲜鸡腿菇切成薄片，再用电热鼓风机干燥，干片菇分装于塑料袋中。

鸡腿菇还可以加工成盐渍鸡腿菇或鸡腿菇罐头。

第七章 大球盖菇

第一节 概 述

大球盖菇又名皱环球盖菇、皱球盖菇、酒红球盖菇，俗称粗腿蘑，又因形似松茸，色泽艳丽，商品名又称赤松茸（图7–1、图7–2），是国际菇类交易市场上的十大菇类之一，也是联合国粮食及农业组织（FAO）向发展中国家推荐栽培的蕈菌之一。

图7–1 待采摘的大球盖菇

一、形态特征

大球盖菇子实体单生、丛生或群生，中等至较大，单个菇团可重达数千克。菌盖为半球形，后扁平，如菌种上有水分，会有一点点黏性。幼菇整体白色，有一些小突起在上面，大球盖菇的形态与色泽变化极大，随着其生长，菌盖会逐渐变成红褐色、葡萄酒红褐色或暗褐色，颜色鲜艳，成熟时会变成褐色或者是灰褐色。大球盖菇在生长时，菌盖上是纤维状鳞片，随其生长，纤维状鳞片逐渐消失。大球盖菇的菌肉非常肥厚，呈白色。

图7–2　采摘后的大球盖菇

二、主要价值

大球盖菇含有较高的营养成分，其蛋白质中氨基酸的种类和含量较高，具有重要的保健功能。大球盖菇富含蛋白质和对人体有益的多种矿质元素及维生素等生物活性物质，有治疗或预防人体多种疾病的功效。其含氨基酸达17种，人体必需氨基酸齐全。大球盖菇子实体粗蛋白质含量为25.75%，粗脂肪为2.19%，粗纤维为7.99%，碳水化合物为68.23%，氨基酸总量为16.72%，必需氨基酸与非必需氨基酸的比值（E/N）为0.64。矿质元素中磷和钾含量较高，分别为3.48%和0.82%。生物活性物质中的总黄酮、总皂苷及酚类的含量均大于0.1%，每100克大球盖菇中的牛磺酸和维生素C含量分别为81.5毫克和53.1毫克。

大球盖菇中含有的多糖成分不仅对保护人体健康有着多重功效，如具有预防冠心病、助消化、疏解疲劳之功效，还能抑制小白鼠体内癌变的概率。同时，大球盖菇中还含有对人类智力发育十分重要的抗氧化物质。由于大球盖菇有着修复被污染水土的功能，所以栽培大球盖菇还能保护生态环境。

大球盖菇色泽艳丽，腿粗盖肥，食味清香，肉质滑嫩，柄爽脆，营养丰富，口感极好。干菇香味浓郁，堪称色鲜味美，是有“素中之荤”的全价营养保健食品。大球盖菇是食用菌中的后起之秀，是集香菇、蘑菇、草菇三者于一身的美味食品，在许多发展中国家是较为受消费者青睐的食用菌之一。大球盖菇不论是爆炒、煎炸，还是煲汤、涮锅，都很受欢迎。

三、生长条件

大球盖菇栽培优势明显，栽培技术简便粗放。具有抗杂性，可直接采用生料栽培，不易感染杂菌，容易获得成功；具有杂食性，栽培原料来源丰富，可生长在各种秸秆培养料上（如稻草、麦秸、亚麻秆等），转化多种农林废弃物；具有嗜氧性，喜欢通风环境；具有广温性，适应温度范围广，可在4～30℃范围出菇；适种季节长，有利于调整在其他蕈菌或蔬菜淡季时上市。

大球盖菇由于产量高，生产成本低，营养又丰富，作为新产品投放市场，很容易被广大消费者所接受。在中国广大农村，可以当作处理秸秆的一种主要措施。栽培后的废料可直接还田，改良土壤，增加肥力。

（一）水分

水分是大球盖菇菌丝及子实体生长不可缺少的因子。基质中含水量的高低与菌丝的生长及长菇量有直接的关系，菌丝在基质含水量65%～80%的情况下能正常生长，最适含水量为70%～75%。培养料中含水量过高，菌丝生长不良，表现出稀、细、弱的特点，甚至还会使原来生长的菌丝萎缩。在南方实际栽培中，常可发现由于菌床被雨淋后，基质中含水量过高而严重影响发菌，虽然出菇，但产量不高。子实体发生阶段一般要求环境相对湿度在85%以上，以95%左右为宜。菌丝从营养生长阶段转入生殖生长阶段必须提高空间的湿度，方可刺激出菇，否则菌丝虽生长健壮，但空间湿度低，出菇也不理想。

（二）营养

营养物质是大球盖菇的生命活动的物质基础，也是获得高产的根本保证。大球盖菇对营养的要求以碳水化合物和含氮物质为主。碳源有葡萄糖、蔗糖、纤维素、木质素等；氮源有氨基酸、蛋白胨等。此外，还需要微量的无机盐类。实际栽培结果表明，稻草、麦秆、木屑等可作为培养料，能满足大球盖菇生长所需要的碳源。栽培其他蘑菇所采用的粪草料以及棉籽壳反而不是很适合作为大球盖菇的培养基。麸皮、米糠可作为大球盖菇氮素营养来源，不仅补充了氮素营养和维生素，也是早期辅助的碳素营养源。

（三）温度

温度是控制大球盖菇菌丝生长和子实体形成的一个重要的因素。

1. 菌丝生长阶段

大球盖菇菌丝生长温度范围是5～36℃，最适生长温度是24～28℃，在10℃以下和32℃以上生长速度迅速下降，超过36℃，菌丝停止生长，高温延续时间长会造成菌丝死亡。在低温下，菌丝生长缓慢，但不影响其生长活力。当温度升高至32℃以上时，虽还不致造成菌丝死亡，但当温度恢复到适宜温度范围，菌丝的生长速度依然明显减弱。在实际栽培中若发生此种情况，将影响发菌，并影响产量。

2. 子实体生长阶段

大球盖菇子实体形成所需的温度范围是4～30℃，原基形成的最适温度是12～25℃。在此温度范围内，温度升高，子实体的生长速度增快，朵形较小，易开伞;而在较低的温度下，子实体发育缓慢，朵形常较大，柄粗且肥，质优，不易开伞。子实体在生长过程中，遇到霜雪天气，只要采取一定的防冻措施，菇蕾就能存活。当气温达30℃以上时，子实体原基难以形成。

（四）光照

大球盖菇菌丝的生长可以完全不要光照，但散射光对子实体的形成有促进作用。在实际栽培中，栽培场选半遮荫的环境，栽培效果更佳。主要表现在两个方面：一是产量高；二是菇的色泽艳丽，菇体健壮。这可能是因为太阳光提高地温，并通过水蒸汽的蒸发促进基质中的空气交换以满足菌丝和子实体对营养、温度、空气、水分等的要求。但是，如果较长时间的太阳光直射，造成空气湿度降低，会使正在迅速生长且接近采收期的菇柄龟裂，影响成品的外观，因此在种植过程中要及时察看大球盖菇生长情况，适时调节光照（图7–3、图7–4）。

（五）空气

大球盖菇属好气性真菌，新鲜且充足的空气是保证其正常生长发育的重要环境条件之一。在菌丝生长阶段，对通气要求不敏感，空气中的二氧化碳体积分数可达0.5%～1%；在子实体生长发育阶段，二氧化碳体积分数要低于0.15%。当空气不流通、氧气不足时，菌丝的生长和子实体的发育均会受到抑制，特别在子实体大量发生时，更应注意场地的通风，只有保证场地的空气新鲜，才有可能获得优质高产。

图7–3 专家察看大球盖菇生长情况1

图7–4 专家察看大球盖菇生长情况2

（六）酸碱度

大球盖菇在pH值4.5～9.0均能生长，但以pH值5.0～7.0的微酸性环境较适宜。在pH值较高的培养基中，前期菌丝生长缓慢，但在菌丝新陈代谢的过程中，会产生有机酸，而使培养基中的pH值下降。菌丝在稻草培养基自然pH值条件下可正常生长。

（七）土壤

大球盖菇菌丝营养生长阶段，在没有土壤的环境中能正常生长，但覆土可以促进子实体的形成。不覆土，虽能出菇，但时间明显延长，这和覆盖层中的微生物有关。覆盖的土壤要求含有腐殖质，质地松软，具有较高的持水率。覆土以园林中的土壤为宜，切忌用砂质土和黏土。土壤以pH值5.7～6.0为好。

（八）大球盖菇栽培的主要参数

① 发菌菌丝培养温度21～27℃，培养料含水量70%～75%，培养时间25～45天，二氧化碳体积分数大于2%，通风每小时0～1次，不需要光照。

② 菇蕾形成原基分化温度10～16℃，相对湿度95%～98%，时间14～21天，二氧化碳体积分数小于0.15%，通风每小时4～8次或根据二氧化碳体积分数而定，光照100～500勒克斯。

③ 子实体发育（长菇）生长温度16～21℃，相对湿度85%～95%，时间7～14天，二氧化碳体积分数小于0.15%，通风每小时4～8次，光照100～500勒克斯，出菇两潮间相隔3～4周。

第二节　栽培管理技术

通常选用林地间作大球盖菇的栽培技术，该技术具有投资少、产量高、质量优、效益好等特点。大球盖菇在生长过程中，人为采取的浇水、施肥、冬季的保温措施，以及大球盖菇代谢排出的二氧化碳及废弃料，可以促进林木的快速生长，同时提高了林木的管护水平，林地能够为大球盖菇提供适宜的温度、丰富的氧气、良好的遮荫，延长大球盖菇的生产采收时间，实现了林菌相互促进，提高了土地利用率。

一、常见品种

先择已大面积推广的抗逆性强、适温广、发菌快的菌株，例如明大128、山农球盖3号。菌种菌龄要求适当，菌丝粗壮洁白，无污染。

二、栽培场地设施

大球盖菇主要有两种主要栽培模式：大球盖菇稻田生态栽培模式和大球盖菇林下生态栽培模式。此外，也有地区采用大棚种植大球盖菇。北方地区主要是林下间作大球盖菇（图7–5），本书主要以林下种植模式，介绍大球盖菇栽培方法。大球盖菇的栽培场地以“三阳七阴”或“二阳八阴”的遮荫环境为佳，以排灌方便、土质肥沃、富含腐殖质、偏酸性的壤土为好，忌低洼和过于阴湿的场地。林地位置要求近水源，远污染源，排水方便。为防止培养料表面风干，保证出菇期要求的空气湿度，可以增加微喷设施。选择种植两年、树径5厘米以上、行距3米左右的速生林地。先将土壤浅耕，然后整畦，畦床高10～15厘米，宽100～120厘米，畦与畦间距离为40～50厘米。

图7-5　林下间作大球盖菇

三、栽培季节

在自然温度下栽培大球盖菇，一般在气温8～30℃时均可播种，以气温15～26℃最适宜。山东等地8月中下旬至12月下旬均可播种，可采收到6月底。各地可根据其具体气候条件灵活掌握。

四、栽培技术

（一）栽培材料

大球盖菇是一种草腐菌，可利用农作物的秸秆作原料（图7-6），不用加任何有机肥就能正常生长并出菇。培养料要求新鲜、干燥、不发霉、不腐烂。常用配方有以下几种。

① 麦秸、麦糠100%，或稻草、稻糠100%。

② 麦秸50%，高粱秸50%。

③ 大豆秸50%，玉米秸50%。

④ 麦秸等80%，杂木屑20%。根据当地资源，配方可作适当调整。每平方米需原料25～30千克，大面积栽培大球盖菇所需材料数量大，为此应提前收集，贮存备用。料多产量高，反之亦然，大球盖菇转化率一般在60%左右。

图7–6　以麦秸为主要栽培料栽培大球盖菇

（二）播种

1. 浸料预湿

铺料前秸秆，如麦秸、稻草、玉米秸等必须浸水2天，吸足水分。主要目的：一是让秸秆充分吸收水分，二是降低基质中的pH值，三是使其变软以便于操作，含水量最适湿度为70%～75%。判断含水量是否适度，可采用手抓的方法。将浸料抓在手中，并握紧，若秸秆中有水滴渗出，而水滴是断线的，表明含水量适度；如果水滴连续不断线，表明含水量过高；若握紧后尚无水滴渗出，则表明含水量偏低。在高温天气（白天气温25℃以上）原料应经2～3天的预堆发酵，翻堆散热后，再用作栽培。如果时间来不及，也可以直接把秸秆放入畦中，用淋喷的方法把秸秆喷湿，水分要达到70%～80%。

2. 铺料播种

先将畦床喷水淋湿，然后铺入培养料。第一层料厚10～12厘米，压实，整平，上覆1厘米厚麦糠、稻糠或玉米芯，播入50%菌种。菌种掰成鸽蛋大小，播在两层草之间。播种穴的深度为5～8厘米，采用梅花点播，穴距10～12厘米。接着铺第二层，厚12～15厘米，压实，上覆1厘米厚麦糠、稻糠或玉米芯，均匀播入50%菌种，菌种上面盖上1厘米麦糠或稻壳。麦糠或稻壳上面撒施食用菌专用肥，每667米^{2}用50千克，最后盖上3～5厘米厚的培养料。也有一次播种的。如果秸秆过整，则需要在其上面盖2～3厘米厚碎秸秆或草。每平方米用干料25～30千克，料厚25～30厘米，用菌种1瓶（袋）。播种后料面覆盖薄膜、草苫保温保湿，也可在料面上覆1厘米厚的腐殖土保湿。高温天气应用3～4厘米圆木棒，每隔30～40厘米打孔至底，以通风散热降温。

（三）发菌管理

1. 控制料温

大球盖菇菌丝生长适宜的料温为22～28℃。播后1～2天，料温会稍有升高。若料温超过30℃，要揭膜通风，可喷水降温；若料温过低，应加盖覆盖物保温。

2. 水分调节

培养料的含水量为70%～75%，空气相对湿度为85%～90%。播种后20天内，一般不直接向畦面喷水，以保持畦面覆盖物湿润为度。20天后，畦面干燥时，应适量喷水，轻喷、勤喷，以水不漏入料面为度（图7–7）。若此期间遇到雨天，可在覆盖物上铺盖薄膜，雨后即掀去薄膜，并排除菇床周围积水。

图7–7　喷水管理

（四）覆土

在正常情况下，播种后2～3天可见菌丝萌发；4～5天后菌丝开始吃料；7～8天后菌丝向料的四周伸展；30～35天后菌丝长至料层三分之二时进行覆土。有时表面培养料偏干，看不见菌丝爬上草堆表面，可挖开料面，检查中、下层料中菌丝，若相邻的两个接种穴菌丝已快接近，也可覆土。覆土选用肥沃、疏松、含有腐殖质的疏松壤土，并预先进行杀虫灭菌，调节含水量为20%左右，覆土厚度为3～4厘米。覆土后保持土层湿润，15～20天后菌丝爬上土层，将覆盖的薄膜揭开，停止喷水，加大通风量，降低湿度，使畦面菌丝倒伏，迫其由营养生长阶段转入生殖生长阶段。

（五）出菇管理

1. 保湿与通风

一般覆土后15～20天就可出菇。大球盖菇出菇阶段空间的适宜相对湿度为90%～95%，气候干燥时，要注意菇床保湿，及时检查，确保覆盖物及覆土层呈湿润状态（图7–8）。若采用麻袋片覆盖，只要将其浸透清水，去除多余的水分后再覆盖到菌床上，一般每天处理1～2次。若采用草苫覆盖，可用喷雾的方法保湿。掀开覆盖物时，结合检查覆土层的干湿情况。若覆土层干燥发白，必须适当喷水，使之达到湿润状态。喷水切不可过量，多余的水流入料内会影响菌床出菇。另外，还要抽查堆内的含水量情况，要求菌丝吃透草料后，草料变成淡黄色，用手捏紧培养料，培养料既松软又湿润，有时还稍有水滴出现，均是正常现象。倘若出现霉烂状或挤压后水珠连续不断线的情况即是含水量过高，应及时采取补救措施，否则将前功尽弃。

2. 温度调节

大球盖菇出菇的适宜温度为12～25℃，当温度低于4℃或超过30℃均不利于长菇。而深秋或冬季播种，整个生长期明显延长，其出菇期也会相对延长。

因为出菇期喷水、通气、采菇等常会翻动覆盖物，所以在管理过程中要轻拿轻放，特别是床面上有大量菇蕾发生时，可用竹片使覆盖物稍隆起，防止碰伤菇蕾。

图7-8 及时检查出菇情况

第三节 栽培常见问题

大球盖菇抗性强，易栽培，但偶尔也会见到一些杂菌，如鬼伞、盘菌、裸盖菇等竞争性杂菌，其中以鬼伞多见。鬼伞与大球盖菇同属于蕈菌，生长在同一环境中，彻底消灭难度大，在菌床上若发现其子实体时，应及早拔除并清理出菇棚。

以防为主、综合防治，优先采用农业防治、物理防治，科学使用化学防治，以高产优质、生态安全为根本目的，采用一喷多防、一防多效的方式，以节本增效。

制作菇床前，对土壤进行消毒，并灭杀杂菌和病虫。发现局部感染时（图7-9），先将感染部位清理干净，撒少量石灰盖面，再添湿润新土，拢平畦面。感染部位较多时，可用5%草木灰水浇菇床1次。

常见的害虫有螨类、跳虫、菇蚊、蚂蚁、蛞蝓等。播种后可采用黄板诱杀菌蝇、菌蚊，用糖醋液诱杀果蝇。在栽培过程中，菇床周围放蘸有0.5%敌敌畏棉球可驱避螨类、跳虫、菇蚊等害虫。也可以在菌床上放报纸、废布并蘸上糖液，或放新鲜烤香的猪骨头或油饼粉等诱杀螨类。对于跳虫，可用蜂蜜1份、水10份和90%敌百虫2份混合进行诱杀。发现蚁巢要及时撒药杀灭，可用1%氟虫腈粉剂防治红蚁，0.1%氯氰菊酯药剂防治白蚁。蛞蝓为害时，由于蛞蝓嗜阴暗潮湿环境，可利用其晴伏雨出的规律，进行人工捕杀，也可在场地四周喷10%食盐水来驱赶蛞蝓，或撒施生石灰进行灭杀，或用生菜叶、莴苣叶等诱杀，重度为害时可酌情喷施四聚乙醛进行灭杀。在室外栽培场，老鼠常会在草堆做窝，破坏菌床，伤害菌丝及菇蕾，早期可采用诱杀的办法防治。

出菇期严禁使用任何农药，不得使用活体微生物农药和非农用抗生素制剂，可酌情施用与环境相容性好的高效、低毒、低残留农药。

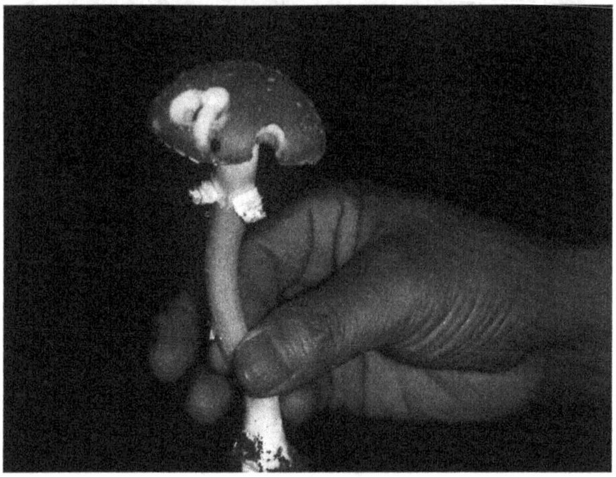

图7-9　感染病虫害的大球盖菇

第四节　贮运销售加工

大球盖菇一般朵重60克左右，菌盖直径15厘米，应根据成熟程度、市场需求及时采收。子实体从现蕾，即露出白点到成熟需5～10天，随温度不同而表现差异。在低温时生长速度缓慢，菇体肥厚，不易开伞。相反在高温时，表现朵型小，易开伞。

大球盖菇子实体菌幕尚未破裂或刚破裂，菌柄硬实不空心，菌盖呈钟形，菌盖内卷不开伞时采收为宜。采收时，一只手用拇指、食指和中指抓住菇体的下部，另一只手压住料面，轻轻扭转一下，松动后再向上拔起，注意避免松动周围的小菇蕾。第1潮菇采收后，应清理料面，补足水分，以便养菌出菇，经过10～12天，又开始出第2潮菇。整个生育期可采收3～4潮菇，一般以第2潮的产量最高。

采收的菌菇应及时削去带泥土的菇根，保持菇体洁净。除去带土菇脚即可装箱上市鲜销，真空包装，低温储运（图7–10）。大球盖菇储藏保鲜困难，易变色，易变味，可冷冻保鲜出口或脱水烘干加工成干菇，或制作成盐渍品。完好无损且没有伤口的鲜菇，可在低温0～2℃的密封环境里保持10天左右。烘干处理前，将清洗干净的鲜菇切片，或用刀从中间切开，在50～60℃温度下烘烤6～8小时，使干品的含水量保持在12%～13%。待冷却后，及时用密封袋，或密封容器保存，或存放在低温干燥的地方，防止回潮发霉变质，以冷库保存为佳。

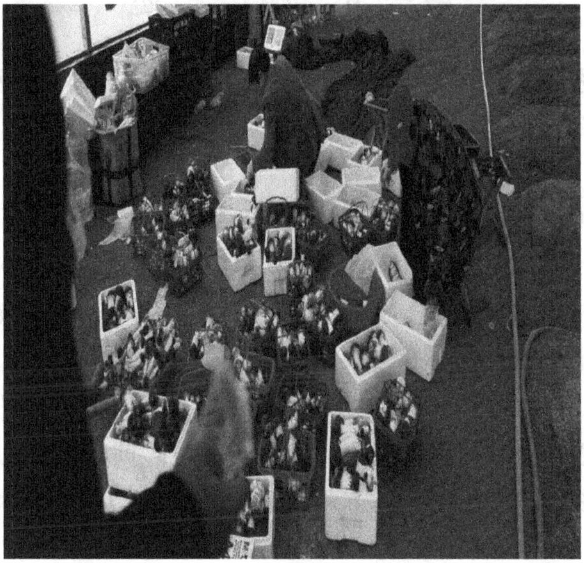

图7–10 鲜品大球盖菇装箱中

第八章　白灵菇

第一节　概　　述

白灵菇又称白灵侧耳、白阿魏菇、翅鲍菇，是刺芹侧耳的白色变种，与杏鲍菇、阿魏菇亲缘关系很近。

一、形态特征

白灵菇菌丝体较一般侧耳品种更浓密洁白，菌丝粗壮致密，穿透力和抗杂力强。子实体丛生或单生，多为侧耳状，单朵鲜重50～160克，最大可达400克，菇体洁白清亮；菌盖直径8～15厘米，菌肉厚实，中部厚度达2～7厘米；菌褶密集，长短不一，奶油色至淡黄色；菌柄粗4～7厘米，长6～10厘米，实心且上粗下细，偏心生或近中生，表面光滑，白色（图8–1）。菌肉肥厚、质地细腻脆嫩、菇体较韧，以形似灵芝而得名，在新疆民间有“天山神菇”之美称。

图8–1　白灵菇

二、应用价值

白灵菇是一种食用和药用价值都很高的珍稀食用菌。据测定，白灵菇蛋白质含量占干菇的20%，含有多种维生素、无机盐及17种氨基酸，以谷氨酸含量最高，8种人体必需氨基酸齐全。白灵菇含有的真菌多糖和维生素等生理活性物质及多种矿质无素，具有调节人体生理平衡、增强人体免疫功能的作用。

三、生长发育条件

（一）营养

白灵菇对营养的要求并不苛刻，所有阔叶树的木屑、棉籽壳、玉米芯均可用于栽培，氮肥主要是麸皮、新鲜的玉米粉。白灵菇生产阶段碳氮比为（25～40）：1，生殖阶段的碳氮比为（70～200）：1。其所需的矿质元素可从石灰、石膏及磷肥中获得。

（二）温度

白灵菇属低温型的菇类，菌丝生长温度为5～32℃。最适温度22～25℃，5℃以下生长缓慢，在35～37℃时菌丝停止生长。其菌丝体后熟需要30～45天，一般控制在-3～15℃之间，子实体分化最适宜温度为7～12℃，出菇生长温度在3～22℃，最适宜温度在13～18℃。从制出菇菌棒到采收时间为110～130天，从现菇蕾到采收时间为8～15天。

（三）水分

培养料料水比为1：（1～1.3），培养料的水分为65%，菇体生长发育的空气相对湿度为85%～90%，湿度过高会出现黄菇。在6～7℃低温，空气相对湿度过低常发生菌盖龟裂。白灵菇含水量小，采摘后在15℃以下可保持14天左右。

（四）光照

白灵菇在发菌阶段暗培养完全可以正常生长，但菇体生长发育阶段需要一定的散射光。在完全黑暗的条件下，子实体很难分化，强光下则不易形成子实体，一般光照强度为800～1 500勒克斯，光照时间每天为12～14小时。不同品种对光线的需求有一定的差异。有的需要强光，有的需要弱光，但生产实践表明：在光线过弱的情况下，往往出现菇体畸形、菌柄细长、菌盖过小的现象。

在寒冷的冬季，即使强光直射对白灵菇的外观形状、菇体色泽和品质也影响不大。

（五）空气

白灵菇是一种好气型菌类，菌丝体和子实体的生长发育均需新鲜空气，常通风换气是非常必要的。二氧化碳体积分数达到0.4%以上，白灵菇原基很难出现，发育受阻，易产生畸形菇。从栽培经验看，白灵菇子实体生长阶段对氧气的需求量超过一般菇类。栽培环境通风不良使子实体菇柄增长，影响品质。

（六）酸碱度

白灵菇自然生长环境土壤为微碱性，pH值为7.8，白灵菇菌丝可以在pH值5.0～11.0的基料上生长，最适pH值为5.5～6.5。原种栽培中考虑高压灭菌时pH值往往下降0.5，则配料时pH值应在7.0左右。栽培菌棒的配料最适pH值为6.5～7.5。

第二节　栽培管理技术

一、常见品种

生产上常用品种有白玉3号、KW1、KW4、KW5、869、914、656、中农1号和ACCC50869（606）等，不同品种特性不同，栽培管理的技术方法不同。

二、栽培场地及设施

白灵菇栽培场地多种多样，如闲散民房、各种日光温室、地下室、人防地道等，只要能保温保湿、通风透光的场所均可利用。为了增加栽培数量，菇房内可放置多层床架（图8–2）。无论何种场地，均要求干净卫生，并用药物消毒灭菌。目前兴起的智能工厂化栽培，投入高，设施完备，用工少，使用周期长，生产标准高，周年生产，越来越成为栽培主流。

三、栽培季节

栽培季节和接种时间的选择是栽培白灵菇的重要环节，它直接关系白灵菇产量的高低和品质的好坏，是成败的关键，与栽培者的经济效益有直接关系。白灵菇适宜的生产温度是8～20℃，适宜的空气相对湿度是85%～95%。根据邹城市的气候特点和温湿度的变化情况，种植白灵菇应选择在高温高湿的8月进行，这样10月下旬就能开始出菇（图8-3），年前产菇率可达到60%以上。各地气候条件不同，应根据当地具体情况确定栽培季节。

图8-2　置于多层床架的白灵菇

图8-3　白灵菇出菇

四、栽培技术

（一）“两熟一生”栽培白灵菇技术

1. 制备优良栽培料

栽培料是白灵菇生长良好的物质基础，白灵菇菌丝具有较强穿透力，能充分利用分解基质营养，最适高氮配方。

（1）栽培料配方

① 玉米芯粉30%、木屑47%、石灰3%、花生秧粉10%、石膏1%、过磷酸钙1%、麸皮6%、硫酸镁2%。

② 木屑54%、花生秧粉15%、花生壳粉10%、玉米粉5%、麸皮10%、过磷酸钙2%、石灰2%、石膏2%。

③ 棉籽壳84%、玉米粉5%、麸皮5%、过磷酸钙2%、石灰2%、石膏2%。

④ 棉籽壳40%、杂木屑40%、麦麸10%、玉米粉8%、蔗糖1%、石膏1%。

⑤ 玉米芯粉50%、棉籽壳28%、麦麸12%、玉米粉8%、蔗糖1%、石膏粉1%。含水量掌握60%～65%，来菌前pH值6.0～7.0。

培养料需预湿（图8–4）。秋季气温高时培养基可加入0.5%石灰，防止酸料。

图8–4　培养料预湿

（2）改变栽培料发酵方法

为了更好地提高白灵菇生产的产量，必须改变过去常规的发酵方法，采用“两熟加一生”发酵方法。具体操作规程是：按配方称料，辅料一定要用水溶解后加入料中，充分拌匀后把含水量调整为65%，pH值10.0～12.0，经过发酵后pH值7.0。发酵场地要选择在通风条件好、地势平坦的水泥地面上。要求发酵堆高度为1.3米，顶部宽为1.3米，底部宽为2.8米，长度不限。建堆后在堆的侧面和顶部各插两排排气孔，料温升至70℃时堆闷24小时进行翻堆。进行翻堆时先把表面上的15厘米厚度扒去。底部剩余30厘米，把中间的熟料扒开堆放。然后取一部分熟料铺底，厚度为30厘米，将全部生料放在中间，把余下的熟料盖在上面。当料温达到70℃时，再堆闷24小时发酵就可结束。这样的发酵方法既省工又省时，由原来的翻堆四次改变翻堆两次，培养料还能得到充分腐熟。

2. 装袋灭菌

装料袋的选用为规格15厘米 × 35厘米 × 0.035厘米或17厘米 × 35厘米 × 0.04厘米低压高密度聚乙烯料袋或聚丙烯料袋。装料时边装边压（图8-5），装好后的料袋达到手挤压没有坑陷为标准，两头扎好后在5～10小时内进行灭菌程序。灭菌采用常压灭菌，5小时内达到100℃，灭菌时间15～20小时，达到灭菌时效后，仍要闷8～10小时，待料温降至30℃以下时移入接种室，进行接种。

图8-5　培养料装袋

3. 接种培养

在接种前10～12小时，将菌袋、菌种、接种所用工具、药品放入接种室进行常规消毒，实行无菌操作接种（图8-6）。接种后移入经过消毒的培养室内避光培养，培养温度保持22～25℃，30～40天菌丝就可以长满。

图8-6　接种

4. 刺激出菇及出菇期的管理

菌丝长满后，再经过30～40天的培养，菌丝达到了生理成熟。此时要给予适当的冷热交替刺激，或者200～500勒克斯散射光诱导，这样可促进原基快速出现。如果发现菌袋迟迟不出菇，其原因是菌袋的含水量过低，及时给菌袋浸水或注水处理，就可使菌蕾快速形成，达到刺激出菇的效果。白灵菇原基形成以后，要求把温度控在12～15℃，空气相对湿度控制在85%～95%。原基出现黄豆大小时，应将袋口扎绳解开，使其通风，但一定不能将袋口拉开，以免造成失水影响原基生长。原基达到蚕豆大小时应把袋口松开。原基达到乒乓球大小时将袋口卷起外翻，提高湿度，将温度控制在12～16℃，加强通风，保持空气新鲜，给予散射光照，不能直接向菇体喷水，15～20天当白灵菇盖内卷变薄表明已达到了采收标准（图8-7）。

（二）工厂化栽培白灵菇技术

白灵菇培养料的碳氮比应控制在（30～40）：1，根据培养基配方准备好原、辅材料，称重后，利用搅拌机将多种料充足混匀，调整含水量为62%～65%。

图8-7　菇房出菇

利用装袋机自动装袋，套上直桶型塑料套环，套环紧贴料面，使得料和袋壁、料面紧贴，塞上专业塑料盖。菌包采用高压灭菌锅灭菌，高压灭菌结束待锅内压力为零时即可开锅，并将菌包移至已经灭菌消毒的洁净冷却室内冷却。待料内温度降到25℃以下，即可移入接种室等待接种。

接种结束后，将菌包移入培养室于25～28℃条件下避光培养，每天通风1～2次，每次30～60分钟，菌包温度控制在28℃以下。在培养后期，调低培养室温度，以23～26℃为宜。发菌期间应每隔7～10天检查1次菌包，发觉有杂菌感染的菌包应立即捡出，以防杂菌孢子蔓延。

白灵菇菌丝长满袋后，不能立刻出菇，此时菌丝较弱，不能适应出菇的要求，还应进行50～60天的后熟处理，让白灵菇菌丝长得更为健壮浓密才能移入出菇房出菇。通常采取立架墙式网格架进行出菇管理。白灵菇由营养生长转入生殖生长，需要采取低温、变温和强光进行刺激催蕾。

菌包移入出菇房后，第10～15天开始白天18℃、夜间8～10℃的变温刺激，同时，保持棚内空气相对湿度在85%～95%，白天800～1 200勒克斯散射光照射。当原基形成时解开袋口，原基长到0～1厘米时拉直袋口，原基长到1～2厘米时进行疏蕾，每包保留1～2个健壮的菇蕾。菇蕾形成后，将棚室内的温度控制在13～17℃，空气相对湿度控制在90%～95%，出菇期间空气相对湿度低于80%时，菌盖轻易龟裂。

注意不要将水喷在菇体上，喷水时，结合通风换气。出菇期每天通风3～4次，每次30～60分钟，以确保供给充分的新鲜空气，控制二氧化碳体积分数促进子实体正常发育。若通风不足，易出现畸形菇、高脚菇。

白灵菇从现蕾到成熟需要10～15天。当白灵菇菌盖充分展开，边缘尚保持内卷，而孢子又未弹射，菇体七八分成熟时，为最佳采收期（图8-7）。一般只采收一次，若采早则产量低，收迟则品质差。

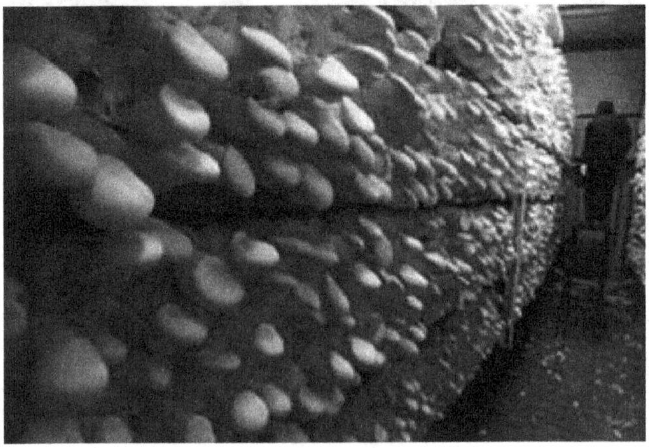

图8-8　采收

采收前一天菇棚停止加湿，最好将菇棚通风1～2小时，使菇表面略显干燥，增加菇体柔韧性，以利于采收和储藏。遵循先熟先采原则。采收时，用手握住子实体菌柄基部，另一手按住菌袋，轻轻采下。要轻采、轻拿、轻装，减少机械碰撞与损伤，然后用刀片削平菇柄，用毛刷刷净菇体杂物，并剔除畸形、破损和带病虫的白灵菇。采收后的鲜菇，清除柄基部的杂物后，单朵用保鲜纸包扎装箱销售。

第三节 栽培常见问题

一、乱现蕾

白灵菇易乱现蕾，即不在菌袋两头正常现蕾，在菌袋中间出现菇蕾，对产量影响很大。其原因主要有以下几点。

（一）菌袋装料不规范

要尽量将料袋装紧、装匀，不留空隙。

（二）菌丝后熟不充分

发菌阶段要保持避光培养，温度相对恒定，完成初步发菌后保持原条件继续后熟培养。后熟期间不能突见强光，不能移动菌袋，直至现蕾。

（三）棚温过高

棚温高于16℃时，菌袋两头的出菇能力会受温度影响而降低。要将棚温保持在4～15℃，最适温度为8～12℃。

（四）棚室湿度不均衡

如果相对湿度低于70%，两头出菇部位的基料表面很快失水，导致现蕾困难，充分成熟的菌丝必将从其他部位出菇。打开袋口后菇棚相对湿度要保持在80%～95%。

二、不能正常出菇

（一）接种时间延误

延误接种时间会造成菌丝发育缓慢，生理不能成熟，无法转入生殖生长。到了菌袋生理成熟时，气温升高，温度已不适应，造成整批菌袋不出菇。

（二）培养料配方不科学

养分积蓄不能满足营养生长时，会使白灵菇发菌不正常，难出菇。

（三）发菌期翻堆不及时

发菌期不及时翻堆会使菌丝严重缺氧，导致袋温、室温骤增，造成底层菌袋“烧菌”，严重影响出菇。翻堆次数太少，各层菌袋受光触氧不匀，会造成出菇不一致。

（四）后熟培养不当

菌丝长满袋后应进行后熟，若此时就开口喷水，会使出菇延迟；有的后熟期室内湿度太低，后熟时间延长，导致出菇期推迟；也有的因室内光照直射菌袋，造成菌袋内水分蒸发，菌丝体增厚，养分消耗，影响后熟。

（五）低温刺激不到位

菌袋生理成熟后，还需要0～13℃的低温和变温刺激，促进原基形成，分化菇蕾。有的菌袋成熟后，没及时进棚。留在室内恒温培养，延误了出菇期；也有的在菌袋进棚码垛后，自然气温已达到0℃，虽能满足低温刺激，但为了创造温差条件，有的采取无限时蒸气加温，使垛内菌温聚集不散而烧菌，结果成批不长菇。

三、产生高脚菇

（一）菇棚通风不良

菇棚通风不良，温度过高，造成菌柄徒长。出菇期间一定要保持良好的通风条件。

（二）现蕾过多

现蕾过多疏蕾太迟造成产生高脚菇。应在菇蕾长至小纽扣大小时及时疏蕾。

四、产生畸形菇

（一）栽培场所空气不流通

栽培场所空气不流通会造成严重缺氧，致使好气性的白灵菇变成畸形。理想的菇棚应为坐北朝南或坐西向东，菇棚两端门膜应能开能闭，有利于纵向空气对流。棚顶应用无滴膜加草苫或遮阳网。

（二）采用墙式堆码

采用墙式堆码，袋身出的菇必定畸形，毫无商品价值，还会造成养分损耗，使袋口出的菇产量大大降低。

（三）配料营养缺陷

如配方中原辅料受潮霉变，养分降解，培养基酸败，菌袋内水分蒸发，菌丝体脱水等，均会导致配料营养缺陷，使产出的菇盖薄、波状边，或不展盖、颜色偏黄。

（四）催蕾时间和技术不到位

菌丝生理未成熟就进行人工催蕾，造成早产畸形。低温蹲菌期不足。温差刺激不够，导致子实体发育受到抑制而变形。要避免光线直射，以免水分蒸发、原基萎缩或菇体裂成花菇纹。

（五）未及时疏蕾

菇蕾太密不及时疏蕾，会出现蝴蝶形、侧向呈长牛舌状、驼背菇等变异形态。疏蕾能确保产品朵形和质量，是栽培管理的重要技术环节之一。

（六）长菇期管理不善

因温、光、气调节不好，导致菇体发育畸形、变色。出菇期间管理上要做好“三协调”。一是加温与保氧协调，出菇要求最适温度13～18℃。北方产区，白天引光增温、罩膜保温，夜间可采取在棚外燃烧、蒸汽进棚升温。但要注意通风，以免缺氧导致菇体变形。二是增湿与通风协调，长菇期要求相对湿度85%～95%，需要喷雾化水增湿，同时结合通风，以免棚内缺氧，或水滴落在菇面上引起菇盖面凹烂麻脸。三是引光与保湿协调，长菇期需要散射光，棚顶草苫之间需拉开6～10厘米间距，让阳光照进棚内，创造“三分阳、七分阴”的环境。切忌光线过强，以免造成水分蒸发、菇体裂花。

第四节　贮运销售加工

目前，白灵菇以鲜销为主。与其他菇类相比，白灵菇属耐贮藏品种。新鲜的白灵菇具有极强的呼吸作用，一旦离开培养基，2～3天菇体水分大量散失，逐渐失去商品价值。鲜销时，用刀削去菇柄残留的杂质，采用小托盘包装后，放在1～4℃条件下保藏预冷后出售。若冷藏温度不适，鲜菇易产生异味。

白灵菇个体大，肉质厚，含水量低，不易变色，经切片后，在45～70℃的烘干机内脱水干燥，可制成干菇片，易于保藏，且风味不变。切片菇也适合进行罐藏加工。

第九章　茶树菇

第一节　概　　述

茶树菇俗称茶薪菇，味道鲜美，脆嫩可口，清香而无异味，是集高蛋白质、低脂低糖、保健食疗于一身的食用菌。茶树菇原产于福建和江西交界的武夷山区，有很长的利用历史。《闽产录异》记载："茶树菇生油茶树上，其菇薄而柄长。茶菇味在柄，浓郁中得清气，尤胜香菇。所产不多，不堪装载。"茶菇即野生茶树菇，所谓"薄"是相对于肉质较厚的香菇而言的。福建省三明真菌研究所最早在国内对茶薪菇进行了驯化培育，并于1972年分离出第一株野生茶树菇纯种。

一、形态特征

子实体单生、双生或丛生（图9-1），菌盖直径5～10厘米，表面平滑，初暗红褐色，有浅皱纹，菌肉（除表面和菌柄基部之外）白色，中实。环白色，膜质，上位着生。菌柄中实，长10厘米左右，柄粗1～2厘米、黄白色。成熟期菌柄变硬，菌柄附暗淡黏状物，菌环残留在菌柄上或附于菌盖边缘自动脱落。菌孢子卵形至椭圆形，淡褐色。

二、应用价值

茶树菇营养丰富，蛋白质含量高达19.55%，含有人体所需的18种氨基酸，特别是含有人体所不能合成的8种必需氨基酸和葡聚糖、菌蛋白、碳水化合物等营养成分，还有丰富的B族维生素和多种矿质元素。中医认为茶树菇性平，甘温，无毒，益气开胃，具有补肾、利尿、治腰酸痛、健脾、止泻、抗衰老、降低胆固醇、防癌抗癌、提高人体免疫力等功效。因此，人们把茶树菇称作"中华神菇""保健食品""抗癌尖兵"。

图9-1 茶树菇形态特征

三、生长发育条件

（一）温度

茶树菇生长在温带至亚热带地区，因此该菌既抗高温也耐低温。其菌丝在5～35℃下均能正常生长，最适温度范围为18～28℃。茶树菇属恒温结实性菌类，出菇不需要温差刺激，其子实体形成温度为13～28℃，最适湿度为18～24℃，20℃时出菇速度快。

（二）水分

茶树菇栽培料含水量可控制在65%左右，生长较快，若培养料偏干或偏湿则不利于菌丝生长。子实体形成时，要求空气湿度较高，生长过程则要求较低，因此在菇期先保持空气相对湿度100%，待出菇后降至85%有利于子实体的生长发育。

（三）空气

茶树菇属好氧性真菌，菌丝生长阶段要保证新鲜空气的供给，因此栽培袋的培养环境必须通风良好。但在出菇和子实体生长阶段，要求有稍高的二氧化碳体积分数，这有利于出菇和菌柄伸长，从而提高产量，因此子实体发育时应适当减少通风。

（四）营养

茶树菇系木腐菌，常野生于油茶树枯朽的树桩上或杨树、柳树等腐朽部分。因其无虫漆酶活性，利用木质素能力弱，但蛋白酶活性强，利用蛋白质能力强，最适碳氮比为60∶1，栽培料中增加有机氮（如麸皮、米糠、玉米粉、饼肥等）的比例有利于提高产量。

（五）光照

茶树菇菌丝生长过程通常不需要光照，但其子实体有明显的趋光性，原基形成和子实体发育都需要一定的散射光，因此出菇时栽培室要求有较强的散射光以利于原基形成和子实体生长（图9–2）。

图9–2　茶树菇出菇

（六）酸碱度

茶树菇喜在酸性环境中生长，pH值在4.0～6.6菌丝均能正常生长，最适pH值为5.5～6.0，在中性偏碱的环境中生长不良，因此栽培时要防止偏碱性环境。

第二节　栽培管理技术

一、常见品种

菌种是栽培成败的重要因素。目前茶树菇菌株很多，早期在江西省广昌一带推广的茶树菇菌株有赣州地区菌种保存中心选育的AS78、AS982等，近几年福建省推广的茶树菇菌株有三明真菌研究所选育的茶树菇-1、茶树菇-3、茶树菇-5等菌株。

二、菌种生产

（一）母种（一级种）

母种（图9-3），采用加富PDA培养基（马铃薯200克、葡萄糖15克、蔗糖5克、硫酸镁0.5克、磷酸二氢钾0.5克、B11克、水1 000毫升）或加麸皮PDA培养基（马铃薯200克、蔗糖20克、麸皮10克、水1 000毫升），以上两种配方均用琼脂20克。一般加麸皮PDA培养基上的菌丝更粗壮。按以上配方制作的母种在26℃左右的恒温下培养约7天即可。

图9-3 茶树菇母种

（二）原种（二级种）

原种（图9-4），采用木屑培养基（木屑78%、麸皮20%、蔗糖1%、石膏粉或碳酸钙1%。以及少量普钙、硫酸镁、磷酸二氢钾）制作原种，置25℃左右恒温下培养约7天即可。

（三）栽培种（三级种）

栽培种（图9-5），采用木屑培养基或棉籽壳培养基（棉籽壳78%、麸皮20%、蔗糖1%、石膏粉1%）制作菌种，置24～28℃下培养30天左右即可。

图9-4　茶树菇原种

图9-5　茶树菇栽培种

茶树菇菌种要求菌丝粗壮、浓白，培养后期母种斜面有时出现红褐色斑纹，或原种、栽培种料面长出与金针菇一样的小子实体均为正常现象，但若出现菌丝稀疏弱细，吃料不彻底，有杂色斑点或出现黄水等不宜使用。

三、栽培场地及设施

茶树菇种植可以选择以下场地：闲置的房屋、塑料大棚、日光温室、人防地道、地下室等。

生产场地应选择有良好的排水和通风、没有污染源、生态条件良好的地方，要求周围1 000米无工业废弃物、无专业畜禽饲养场、无垃圾粪便场、无各种污水及其他污染源，生产场地还要远离公路、医院，并尽可能避开公共场所。要远离农药用得多的作物栽培场所，以防止外源农药的污染。

四、栽培季节

茶树菇由于既抗高温，也耐低温，因此在福建、广东、浙江等省大部分地区均可全年栽培，但不同季节栽培，其产量和质量都不同，所以栽培茶树菇要获得高产高效，必须选择好栽培适期。据各地栽培试验结果分析，我国大部分地区以春栽或秋栽适宜，尤其是春栽产量较高。生产上一般安排春季温度达到20℃、秋季温度降至25℃出菇为宜，各地可根据当地的气候条件选择栽培适期。

五、栽培技术

（一）菌袋制作

1. 培养料配方

根据各地原料情况，以效益为原则选择配方，其参考配方有两种。

① 茶枝粉（或棉籽壳）77.5%，麸皮或米糠20%，石膏粉1%，蔗糖1%，过磷酸钙0.5%。

② 草粉38%，木屑或棉籽壳38%，麸皮或米糠19.5%，石膏粉1%，蔗糖1%，过磷酸钙0.5%，茶籽饼2%。

2. 菌袋制作

将培养料根据生产所需的数量及比例进行配制（9–6），并加水拌料，料水比以1∶1.2左右为宜。原料要新鲜，无霉变，无虫害。拌料要均匀一致，特别是棉籽壳不能有干粒，否则灭菌不彻底。选用规格为（15～17）厘米×35厘米×0.05厘米低压聚乙烯塑料袋，每袋料干重350克左右，湿重720～750克，装料松紧适度，高度14～15厘米稍整平表面，及时套上颈圈并塞好棉塞（也可用编织线扎紧），防止水分蒸发散失（图9–7）。然后进行常压（4小时内将温度加到100℃，保持12～14小时）灭菌，茶树菇抗杂菌能力较弱，因此灭菌要彻底，制作过程要严防菌袋被刺磨穿孔，以防杂菌污染。

图9-6　茶树菇培养料

图9-7　培养料人工装袋

（二）接种及培养

经灭菌的袋料，待料温降至30℃以下方可接种。接种箱或接种室应消毒完全，接种量为每瓶接30～40袋，接种后要避光培养，可置于层架上培养，以节约空间（图9-8）。茶树菇菌丝恢复吃料慢，且易发生杂菌和虫害，因此接种后要注意培养室清洁、干燥和通风换气，防止高低温的影响，促进菌丝均匀生产。并经常检查，如有发现杂菌污染的菌袋，要及时搬出处理，防止扩散蔓延。一般接种后30～40天菌丝即可长满菌袋。

图9-8　层架式培养茶树菇菌

（三）出菇管理

在正常情况下，茶树菇接种后50天左右即可出菇。为了使子实体发生整齐，菌丝长满后，用消过毒的铁丝把培养料表面菌膜划破，连同老菌种块一起清除，将袋口扎上，注意不要扎太紧。之后进行催蕾管理，催蕾时菌袋可直立排放，也可墙式堆叠排放。然后将棉花塞拔掉或剪去扎口线，并拉直袋口排袋催蕾，直立排放每平方米排放80袋左右。让菌丝由营养生长转入生殖生长。料面颜色也随之转化，初时有黄水，继而变褐色，出现小菇蕾。这期间，要加大空气相对湿度并保持在95%~98%，早晚应喷水保湿。光线强度控制在500~1 000勒克斯，温度控制在18~24℃内，这样开袋后10~15天子实体大量发生。出菇后，必须适当降低空间湿度和减少通风。此时栽培空间相对湿度降到90%~95%，并减少通风次数和时间，以防氧气过多导致早开伞，菌柄短、肉薄。如果菇蕾太密，还可进行疏蕾，每袋6~8朵，朵数适中，长势整齐，朵型好，菇柄粗，否则影响菇的品质和产量。当茶树菇子实体菌盖开始平展，菌环未脱落时就要采收。采收后菌袋料面需清理干净，袋口捏拢，让菌丝休养恢复2~3天，然后拉开袋口，可淋一次重水，并重复上述管理（图9-9），5~7天后又可长出一潮菇，共可采收4~6潮菇（图9-10）。

图9-9 茶树菇出菇管理

图9-10 大棚种植茶树菇出菇

（四）采收与加工

茶树菇不仅菌盖可食，且菌柄也十分脆嫩，应连盖带柄一起采收。当子实体长出后，菌盖尚内卷、孢子还未大量发生时采收（图9-11）。可一次性采收，也可采大留小、采老留幼分潮采收。分潮收获时要注意保护好幼菇，因茶树菇菌柄较脆，容易折断，采收时应抓基部拨下，同时防止伤及幼菇。一般可采收3~4潮，每100千克干料可产鲜菇60~70千克。采收后的子实体剪去根部及附着的杂质即可上市鲜销，亦可烘干，分级包装、远销。

图9-11　适合采收的茶树菇

第三节　栽培常见问题

茶树菇属好气性大型真菌，利用纤维素能力较强，对二氧化碳敏感，通气不良会导致二氧化碳体积分数过高，易造成菌丝生长缓慢、子实体菌柄粗长、菌盖细小、早开伞、畸形菇等现象。茶树菇是需光性真菌，子实体具有趋光生长特性，适宜的散射光是完成正常生活史的必要条件。菌丝体培养期间，在无光条件下仍然生长，但不形成子实体，子实体没有光照不易分化。栽培过程中，常会出现水渍状斑点病、细菌性腐烂病、基腐病等。

一、水渍状斑点病

茶树菇子实体的菌盖出现针刺状凹点，凹点周围颜色很快变淡，接着菌盖出现裂纹和水渍状斑点。如果子实体长时间处于高温高湿的生长环境中，且通风不良，会使子实体不能正常生长发育。要把菇房的通风透气与增加湿度、调控温度进行有机结合，不喷洒关门水，不可让菇房内的湿度长时间处于饱和状态。

二、首批子实体形成时间推迟

正常情况下，培养料发满菌丝后7～15天应出现子实体原基，如迟迟没有出现，甚至首批子实体原基形成时间比正常形成时间推迟。主要原因是培养料中氮的含量过高，从而推迟了茶树菇的生殖生长。

三、死菇

茶树菇的幼菇萎蔫、变黄，最后死亡，摘去死菇后可形成第二批子实体，但总产量大幅度降低。原因是菌袋严重缺水或搔菌后温度和湿度变化过大，幼菇难以适应。

四、细菌性腐烂病

茶树菇子实体呈水渍状腐烂，病斑褐色，有恶臭味，有黏液；菌柄和菌盖可同时发病，发病时菌柄变黑。在菇房高温高湿的情况下，病原菌假单胞杆菌通过水、工具、害虫或工作人员等媒介，从子实体的机械伤口或害虫咬食伤口侵入和传播，并导致腐烂。

五、基腐病

茶树菇子实体的菌柄基部变成深褐色，最后变黑色并腐烂，导致子实体倒伏。基腐病的病原菌为瓶梗青霉。当培养料含水量过大，或者搔菌后菌袋表面积水，或者菌袋因长期覆盖塑料薄膜而通风透气不良，或者菇房空气相对湿度长时间大于95%，就容易导致基腐病发生。

六、软腐病

子实体的菌柄基部先出现黑褐色水渍状斑点，后来病斑逐渐扩大，基部变软、萎蔫、腐烂。湿度较大时，病斑上会长出白色絮球状菌丝团。病原菌为异形葡枝霉，在茶树菇栽培后期，如果气温经常过高，加上湿度过大，就容易发生软腐病。

七、幼菇生理性腐烂或萎缩

高温高湿期间幼菇出现腐烂，或低温低湿期间幼菇出现萎缩。菌袋内部温度过高，加上环境温度和空气湿度长时间过高，且通风透气不良，就会导致幼菇发生生理性腐烂。菌袋内部温度过低，加上环境温度和空气湿度长时间过低，也会导致幼菇发生生理性萎缩。

第四节 贮运销售加工

茶树菇采后要及时分级。优质菇要求菌盖肥厚，大小一致，未开伞，菌柄粗壮，近白色，长短整齐。开伞、菌盖变褐色及菌柄细长和扭曲者皆为次品菇。

茶树菇的保鲜难度较大，如果以鲜菇生产为目的，采后要尽快出售，超过48小时，质量显著下降。目前最常用的保鲜方法是：将鲜菇风干至八成干，然后用塑料袋或泡沫箱包装，在袋口或箱口用吸水纸盖好，密封冷藏，保存温度为5～10℃。在运输过程中，应将菇体适当压紧，以防止在包装容器内震动，因为菇体遭震动受损会缩短保鲜时间。如果保鲜处理得好，保鲜时间可延长到5天左右。

如果采取速冻保鲜，在包装后抽真空密封，应先预冷至0～5℃，然后降温速冻。在–18℃温度条件下冷藏，可使茶树菇保鲜期达1年以上。

茶树菇一般采用烘烤法烘干，烘烤技术与干制品质量密切相关。鲜菇采摘后，最好在阳光下先晒半天，按大小分开，除去杂物、蒂头，再将茶树菇的菌褶向下，排放在烤盘上，送到烤房烘烤。烘烤温度由低到高，温度过低会使产品腐烂变色，温度过高会把产品烤焦。一般要求烘烤前将烤房预热到40～45℃，进料后下降至30～35℃。晴天采收的菇较干，起始温度可高一点，雨天采收的菇较湿，起始温度应低一点。随着茶树菇的烘烤缓慢加温，最后升到60～65℃，勿超过75℃，整个烘烤过程，视产品种类与干湿度总需时间6～10小时。

另外，烘烤过程中要勤翻动检查，随着菇的干缩进行并盘和上下调换位置。烤到菇体含水量13%以内（菌柄干脆易抖断）时取出密封保藏。该菇易返潮，应放于干燥处保存。这样的干制品，菌盖保持原有特色，菌褶全淡黄色，香味浓（图9–12）。

图9-12　茶树菇干品

第十章　草菇

第一节　概　　述

草菇又名兰花菇、苞脚菇、南华菇（图10–1），属真菌，是光柄菇科小包脚菇。草菇菌丝无色透明，细胞长度不一，直径46～400微米，平均217微米，宽6～18微米，平均10微米，被隔膜分隔为多细胞菌丝，不断分枝蔓延，互相交织形成疏松网状菌丝体。细胞壁厚薄不一，含有多个核，无孢脐，贮藏许多养分。呈休眠状态时，可抵抗干旱、低温等不良环境。待到适宜条件下，在细胞壁较薄的地方突起，形成芽管，由此产生的菌丝可发育成正常子实体。

图10–1　草菇

据史料记载，草菇起源于中国，距今已有300多年的历史。道光二年（1822年）阮元等纂修《广东通志》中收录的《舟车闻见录》中写道“南华菇：南人谓菌为蕈，豫章、岭南又谓之菇。产于曹溪南华寺者名南华菇，亦家蕈也。其味不减于北地蘑菇”。道光二十三年（1843年）黄培爃纂修《英德县志·物产略》中也同样记述“南华菇：元（原）出曲江南华寺，土人效之，味亦不减北地蘑菇”。又据福建《宁德县志》载“城北瓮窑禾朽，雨后生蕈，宛如星斗丛簇竞吐，农人集而投于市”。可见，草菇原本是生长在南方腐烂禾草上的一种野生食用菌，由南华寺僧人首先采摘食用，系中国热带和亚热带高温多雨的腐生真菌，后传入马来西亚、菲律宾、泰国等地，在中国主要分布于广东、广西、福建、河北、台湾、湖南、四川、西藏等地区。

一、形态特征

子实体由菌盖、菌柄、菌褶、外膜、菌托等构成。外膜又称包被、脚包，顶部灰黑色或灰白色，往下渐淡，基部白色，未成熟子实体被包裹其间，随着子实体增大，外膜遗留在菌柄基部而成菌托。菌柄中生，顶部和菌盖相接，基部与菌托相连，圆柱形，直径0.8～1.5厘米，长3～8厘米，充分伸长时可达8厘米以上。菌盖着生在菌柄之上，张开前钟形，展开后伞形，最后呈碟状，直径5～12厘米，大者达21 厘米;灰色，中央色较深，四周渐浅，具有放射状暗色纤毛，有时有凸起三角形鳞片。菌褶位于菌盖腹面，由280～450个长短不一的片状菌褶呈辐射状相间排列，与菌柄离生，每片菌褶由3层组织构成，最内层是菌髓，为松软斜生细胞，其间有相当大的细胞间隙;中间层是子实基层，菌丝细胞密集面膨胀;外层是子实层，由菌丝尖端细胞形成狭长侧丝，或膨大成棒形担孢子及隔胞。子实体未充分成熟时，菌褶白色，成熟过程中渐渐变为粉红色，最后呈深褐色。担孢子为卵形，长7～9微米，宽5～6微米，最外层为外壁，内层为周壁，与担孢子梗相连处为孢脐，是担孢子萌芽时吸收水分的孔点。初期颜色透明淡黄色，最后为红褐色。一个直径5～11厘米的菌伞可散落5亿～48亿个孢子。

二、应用价值

草菇味甘，性寒，具有清热解暑、补益气血、降压之功效，用于治疗暑热烦渴，体质虚弱，头晕乏力，高血压。现代医学认为其具有抗氧化、调节免疫、抗肿瘤等药理作用。草菇含有丰富的蛋白质，而脂肪含量却很低。子实体可鲜食，也可直接晒干或烘干制作成干菇食用，还可制作成罐头或盐渍食用。

三、生长发育条件

草菇属高温性菌类，生长发育温度10～44℃，对温度的要求因品种、生长发育时期而不同。草菇的生长发育有特定的环境条件需求，当环境条件满足了，草菇的孢子就萌发成菌丝，最后形成子实体。对草菇生长发育需要的条件分述如下。

（一）营养

草菇是一种腐生真菌，以稻草、麦秆、废棉、棉籽壳、甘蔗渣、山茅草等作为主要碳素营养。以动物的腐熟粪便、新鲜的麸皮、米糠等含有机氮的物质作为氮源。除了碳源与氮源外，多种矿质元素如钾、镁、硫、磷、钙等也很必要，一般含纤维原料中已有足够的含量，无须补充。配制草菇的培养料时，要注意培养料的碳氮比例，最适合草菇生长的碳氮比例为60∶1。

（二）温度

草菇是属于高温型食用菌，对外界的温度变化反应相当敏感。不同生育期的最适温度有所差异。担孢子萌芽温度为30～40℃，40℃时萌发率最高，35℃次之，30℃以下发芽率低；高于45℃或低于25℃均不发芽。菌丝在10～44℃温度下均可生长，适温为30～36℃，最适宜温度为33℃，低于15℃和高于42℃时菌丝生长都会受到强烈抑制，长期在5℃以下或45℃以上菌丝便会死亡。子实体发育温度为24～33℃，以28～32℃最适宜，平均气温在23℃以下或高于35℃时，子实体难以形成。处于21℃以下的低温或45℃以上的高温，小菇蕾都会萎缩死亡。在适宜温度范围内，菌蕾在偏高的温度中发育快易开伞，在稍低的温度中发育稍慢，生长势头好，个体大，不易开伞。

（三）湿度

草菇对水分要求严格，只有在适合的水分条件下，新陈代谢才能正常进行。若水分不足，菌丝生长慢，子实体难以形成，甚至死亡。水分过多，通气不好呼吸受阻，生长好的菌丝也会自溶，即使有小菇蕾形成，也会造成烂菇与死菇。水分与培养料（草堆）湿度有密切的关系，水分不适，堆温过高或过低，均会影响草菇菌丝的生长，导致杂菌丛生。所以要掌握好适宜的水分和空气湿度，才能达到高产稳产。实践证明，菌丝体生长阶段，培养料含水量在70%左右，空气相对湿度为75%～80%；子实体生长阶段，空气相对湿度以85%～95%为宜。空气相对湿度低于80%时，子实体生长缓慢，表面粗糙无光泽；高于96%时，菇体容易坏死和发病。

（四）空气

草菇是一种好气性真菌，草菇在进行呼吸时，需要吸入氧气和排出二氧化碳，所需要的氧气量是蘑菇的6倍。足够的氧气是保证草菇正常生长发育的重要条件之一，当菇房空间的二氧化碳体积分数达0.5%时，草菇生长就受到抑制，当二氧化碳体积分数增到1%时，草菇停止生长，并会导致死菇、烂菇。如果通风量太大，水分容易蒸发，对草菇生长不利。因此，栽培草菇的理想场所应满足空气缓慢对流、及时补充新鲜空气的条件。

（五）光照

草菇营养生长阶段对光照要求不严，在无光条件下也可正常生长，草菇担孢子萌发，菌丝体的生长发育，均不需要光照，直射的阳光，反而会阻碍菌丝体的生长。转入生殖生长阶段需要光的诱导，生产实践证明，光照对子实体的形成有促进作用。完全黑暗的菇房，是不会形成子实体的。一定要在散射光的环境中，光线诱发才形成子实体。光线的强弱直接影响子实体的品质和颜色，当光线强时，子实体颜色深、有光泽、组织致密；当光线不足时，子实体暗淡，甚至灰白色，组织也较疏松。但忌强光，强烈的直射阳光对子实体有严重的抑制作用。正常子实体发育需要光照强度为50～100勒克斯。露天室外栽培必须有阴棚设备，才能保证草菇正常生长发育。

（六）酸碱度

草菇喜欢偏碱性介质，担孢子的萌发，酸碱度以pH值6.0～7.5为宜。在pH值7.5的条件下，孢子萌发率最高，pH值超过7.5时，萌发率就大大下降，pH值8.0时，孢子萌发率几乎为零。菌丝体在pH值5.0～8.0范围内能生长，最适pH值为7.2～7.5，子实体发生的最适宜pH值为5.0～7.0。偏酸性的培养料对菌丝体和子实体生长发育均不利，而且容易受到杂菌的污染，草菇菌丝发育过程中能使培养基逐渐变酸，因此在浸草时要求pH值达到12以上。

第二节 栽培管理技术

一、常见品种

（一）常见品种种类

草菇栽培要获得高产稳产，除选择适宜季节生产外，还必须有优良品种配合。优良草菇品种应具备3个基本条件：产量高、质量好，包被厚、韧，不易开伞；圆菇率高、味道好；对不良环境抵抗力强。草菇品种有很多，按个体大小可分为大、中、小3种。常见品种有V23、V37、V20、V35、V844等。

1. V23

V23号菇种，个体大，呈灰色，菌盖厚实坚韧，耐高温，不易开伞，圆菇（未开菇芽）率高。适合烘制草菇干，也适合做罐头和鲜食。若栽培条件适合，则产量高，质量好，深受菇农和消费者欢迎。但其抗逆性较差，对高温、低温和恶劣天气敏感，如果在生长期管理不当，很容易造成早芽枯死。

2. V37

V37是中型品种。菌盖的厚薄，打伞的难度都适中。一般播种后5~10天出菇，子实体发育6~7天，呈淡灰色，抗逆性强，产量高，适用于加工罐头、烤干蘑菇和保鲜食品。但味道清淡，圆菇率不如V23，只有80%左右。同时，菌种较容易退化，应注意返老还童现象。

3. V20

V20个体小，属于小物种。菌盖很薄，伞很容易打开。一般播种后44天出菇，子实体发育5~6天，呈灰色。抗逆性强，产量高，对外界恶劣环境的抵抗力强，耐寒。菌肉比大、中种肉质细嫩可口，适合鲜食。缺点是个体小，不适合做干菇，圆菇率也低，约60%。

4. V35

V35个体中等偏大，色泽灰白，质嫩，香气浓郁，味道鲜美，产量高，生物学效率在35%以上。菌盖很厚，伞打开偏慢，商品品质不错。菌丝外观呈淡白色，厚而透明。V35是耐高温品种，但对温度很敏感，当温度稳定在25℃以上时，即可正常发育，形成子实体。在我国北方栽培期为6月中旬至8月上旬。

5. V844

V844是嗜温菌种。菌丝生长适温在26～38℃，最适温度为33～34℃；子实体生长的温度在24～30℃，最适温度为26～27℃。V844耐低温性强，菇形圆润均匀，适合市场生鲜销售，但耐高温性较弱，较易开伞。

6. V733

V733号菌种为中型品种。菇蕾呈灰色或浅灰黑色，椭圆形，单生或丛生，不易开伞。菌丝生长的温度范围为20～40℃，最适宜为30～35℃；子实体生长温度范围为22～35℃，最适宜为25～35℃，较耐低温。该品种高产、优质、抗逆性强。

7. V16、V2、Vt

V16、V2、Vt等品种均属于中高温中大型品种。菇体圆形均匀，颜色较淡，成簇或丛生。菌丝生长期，厚垣孢子较多，颜色较深。菌丝生长适温为28～40℃，最适温度为35～36℃；子实体生长适温为26～32℃，最适温度为28～29℃。结果早，菇芽茂密，出菇率高，抗逆性强，但涂层较薄，不耐高温，容易开伞。

8. GV34

GV34属低温中型品种。菌丝在24～32℃生长良好，子实体在23～25℃可正常出菇。子实体灰黑色，椭圆形，包衣厚度适中，不易开伞，产品性状好，去皮得菇率在60%以上。产量高，抗逆性强，适应温度范围广，能耐骤降温和昼夜温差大，适宜北方初夏、初秋栽培。

9. V905

V905号属于中型品种。菇体灰白色，生长快，宜鲜食或加工为干品。产量高，生物学效率达42%。耐低温，20～25℃即可栽培。厚垣孢子形成早，数量多，是早熟、高产、耐低温的品种。

食用方式不同，选育品种要求上也略有不同，如制草菇干，选育包被厚的大型种；制罐头，选育包被厚的中、小型种；鲜销对包被和菇型要求不那么严格，但有些地区要求菇型偏小的白菇。

（二）鉴别生产种的标准

优质的生产种菌丝呈透明或半透明状，长势粗壮有力，在袋或瓶中分布均匀，瓶口（或袋口）有少量红褐色厚垣孢子，无其他颜色杂菌，打开口有浓郁草菇独有香味（图10–2）。

图10–2　草菇生产种

1. 幼龄种

菌丝白色、透明，厚垣孢子未产生或菌丝未长到瓶（袋）底，此生产种不适合栽培。

2. 适龄种

菌丝转黄白色、透明，瓶（袋）口有少量的厚垣孢子产生，菌丝生长到底。一般从接种开始，经过20～25天，生长期的生产种最适合栽培。适龄生产种，播种后菌丝萌发快，生长旺盛，吃料迅速，蔓延快，有利于高产。

3. 老龄种

有大量的厚垣孢子，充满整个瓶（袋）中的培养空隙间，或呈现菌丝收缩集堆，菌丝黄白浓密，出现菌皮、菌丝萎缩，此生产种属老龄种，不适合栽培。老龄种抗杂菌力弱，产量低。

（三）不合格的草菇种鉴别

凡属下列情况之一者，均属不合格种，应淘汰。

① 菌丝生长稀疏、透明、纤细如蜘蛛丝，一般是培养基消毒不彻底造成的。因为灭菌不彻底，稻草表面有大量枯草杆菌繁殖，致使草菇菌丝不能

接触稻草，吸收营养不足，生长细弱，菌丝只能伸长，分枝少，不能做生产种。

② 菌丝生长不旺或收缩，厚垣孢子呈团，这主要是培养料过湿造成的。若菌丝生长过程中出现洁白、浓密粗条绒毛或杂色，可能被污染杂菌。例如，鬼伞菌的菌丝生长密集洁白，培养时间稍长，则出现鬼伞菌子实体，此类草菇种决不能用于生产。

③ 草菇菌丝开始生长正常，但经一段时间培养后，菌丝逐渐消失或菌种瓶壁蒙上一层粉末状物，会爬动，说明菇虱已侵入菌种内，蛀食菌丝。这样的菌种不能做生产种，应予以淘汰。

（四）正常型草菇菌丝与异常型草菇菌丝间的区别

正常型草菇菌丝初期透明无色，纤细，分枝性强，生长速度快，后期变白至黄白，较粗壮，直或弯曲、绵絮状，甚至全绒毛状，产生少量或大量红褐色厚垣孢子，气生菌丝旺盛，移植后能正常生长，此类特征的菌丝称为正常型草菇菌丝，可以结菇。

异常型的草菇菌丝生长缓慢，气生菌丝很少，经几次转管后很快死亡或者生长不良，这类菌丝大多数不出菇。从组织分离的草菇菌丝有时出现此情况，可能草菇子实体已被鬼伞菌污染，此类菌丝应放弃。

从肉眼观察、转管多次，认定是正常型的草菇菌丝后，一定要做出菇试验，才能扩大供应菌种。

二、栽培场地及设施

栽培草菇的菇房，可以因地制宜，利用闲置的育秧房、温室旧房、简易猪舍、牛棚的改造房等。菇房应便于保温保湿，通风透光。房内应有对流门窗，便于通风换气，菇房要光线充足。栽培时室温可控制在28～30℃，空气相对湿度控制在85%～95%。

若用现有的水泥房、砖瓦房、仓库或旧房作为栽培草菇的菇房，房内必须有对流空气的门窗和地脚窗，确保光线充足，有电源，环境卫生条件好，可搭架增加栽培面积（图10–3）。旧房坐东向西；其床架应排成南北向；而坐北向南的房，其床架排列应东西向。通风窗则要开在走道上，使空气能够对流，便于通风换气。各层距离55～60厘米，一般3～4层，床架的宽度为60～70厘米，最低的一层离地20~25厘米，便于清洁卫生。通道70~80厘米，菇房内最好装置有自来水、蒸汽管道及照明灯、排风扇等设备。

图10-3　层架式栽培草菇

三、栽培季节

根据草菇的生物学特性，当自然气温稳定在25℃以上，空气相对湿度80%左右时，即可栽培草菇。菇农在不同季节生产，故有春菇、夏菇、秋菇之分。每年4月至6月中旬是室内栽培草菇的黄金季节，春菇质量好、产量高；7~8月，夏菇生长发育快，但秆细，容易开伞；9月至10月中旬适宜种秋菇，此时昼夜温差大，菇生长结实、个大，不易开伞，产量高。从4月中旬开始至10月中旬结束此段时间载培草菇，可利用自然气温生产草菇，对获得高产稳产有保证。若用塑料泡沫板建菇房，有保暖设备，可提早或延长草菇生产季节，甚至全年生产。

四、栽培技术

近年来，由于技术上不断改进，草菇已从单一的室外大田栽培，发展到全面推广室内栽培。其中袋栽草菇是在袋栽平菇技术基础上演变而来的一项技术。袋栽草菇产量稳定，方法简便，产菇快，一般播种后10天左右可采收。生产周期短，原料丰富，如小麦、玉米、高粱、花生、黄豆、棉籽壳、废棉、纸厂下脚料等都可用于种植草菇。

草菇在栽培过程中处于高温高湿的环境中，病虫害较多，特别是老菇房更应注意，否则杂菌、虫害大量滋生，导致草菇绝收。每次栽培草菇之前的菇房、用具、培养料等，一定要进行消毒。消毒的方法很多，归结为两大类：一是物理方法，常用的有高温高压灭菌和紫外线灭菌；另一类是化学方法，利用灭菌剂来抑制或消灭杂菌。市场上化学灭菌剂种类繁多，应严格掌握消毒剂的有效浓度、消毒时间和使用方法。

室内栽培草菇的产量比室外栽培提高1～3倍。此外，采用前、后发酵处理培养料，配合不同栽培方式和覆土方法，增产效果显著，适宜于工厂化生产。

（一）培养料的配方

① 干稻草100千克，钙、镁、磷肥1千克，麸皮（米糠）10千克，石灰粉4千克。

② 干稻草100千克，钙、镁、磷肥1千克，麸皮3千克，干牛粪粉5千克，玉米粉3千克，石灰粉4～5千克。

③ 干稻草100千克，过磷酸钙2千克，麸皮（米糠）5千克，石灰粉4～5千克，干牛粪粉8千克，花生泥或菜园土200千克。

④ 干稻草100千克，干牛粪粉15千克，麸皮8千克，石灰粉4千克，玉米芯粉7千克，肥沃土30千克。

⑤ 干稻草100千克，干牛粪粉15千克，麸皮8千克，石灰粉4～5千克，玉米芯粉7千克，肥沃土30千克。

⑥ 干稻草70或80千克，废棉30或20千克（作覆盖用），麸皮5千克，石灰粉6～8千克。

（二）培养料的选择与前发酵

培养料是草菇生长的营养物质，是草菇丰产基础（图10–4）。稻草生物转化率为20%～36%，一般大面积栽培时的转化率为15%～18%。

选择稻草时，应选用隔年优质稻草，要干透、无发霉，呈金黄色。这种稻草营养丰富，产菇期长，杂菌少。使用前最好将稻草在太阳下曝晒1～2天，然后将石灰粉总量的三分之一放入水池中浸泡半天，用脚踏使其柔软，充分吸足水分后，捞起沥去多余水分，覆盖塑料薄膜一夜。第二天进行堆积发酵。

具体方法是在离地面10～15厘米架设竹、木或铁条的架子，密度以不漏稻草为好。将浸泡好的稻草撒入总量三分之一的石灰粉，含水量为75%～80%，一层草一层石灰粉，拌匀，力求使每条稻草沾有石灰粉，堆高1.5～1.7米、宽1米，长度不限。堆时要堆得紧密整齐，边堆边用手压实，堆至1米时，上堆踩一遍，将备好的辅料（麸皮、干牛粪粉、覆土泥等）放入中心，再放上稻草，或堆1.5～1.7米再踩一遍，每堆草为500千克以上。成堆后在料堆上盖上无色塑料薄膜，薄膜要盖成屋脊型，经过发酵2～3天，堆心温度达50～60℃，可维持24小时，然后进行翻堆。翻堆在保持75%～85%的水分，如果水分不足，可补充少许水，继续发酵，当堆心温度再升至50～60℃时，再维持24小时，第二天即可拆堆种草菇。

图10-4　草菇培养料

（三）巴氏消毒与后发酵

将完成前发酵的培养料（废棉、棉籽壳、稻草、辅料）趁温度在40～50℃时，将料搬入菇房，料面整平后关闭菇房门、窗及通风窗，当床上培养料因发酵而温度陆续上升时，导入蒸汽加热，当料温升到60～65℃时，保持2小时然后关闭蒸汽，微微通风，排除氨气等臭味，逐渐降温到50～55℃，保持6小时。待床内料温慢慢降至30～38℃时，立即抢温播种。

（四）栽培方式与播种

1. 地面栽培

在地面铺一层肥土建畦。堆草的层数可以根据气温而定，可堆3～4层，盛夏天气一般2层，不需盖草被。播种后，可覆盖塑料薄膜，保温保湿，当出现菌蕾时应当除去塑料薄膜，视具体情况每天喷水1～2次。喷水不能直接喷在草菇上，要向空中喷水，慢慢降下雾点，保持菇堆及空气湿度。要注意通风，出菇后要不断补充新鲜空气，引进散射光，促进菌丝扭结，形成菇蕾。

2. 床架式栽培

床架式栽培草菇可以高效利用空间面积。应根据菇房大小，决定床架的个数及层数。床架长2.5～4米，宽70厘米，每层高50～55厘米。床架式栽培堆草有草砖式、平面式等方法。

3. 建床与播种

稻草培养料厚10～15厘米（压实），床面整平后播种，用点播、条播、撒播法将菌种均匀撒在料面，稍拍紧即可。

（1）散草制砖法

用木柜作模。砖模规格为60厘米×40厘米×30厘米或80厘米×50厘米×30厘米，气温高时草砖应薄些，气温低时可厚些。先在木框内横垫两条草绳，然后均匀地装入稻草，铺平压实，在料面撒一层营养料，再盖一层薄料和菌种，喷上适量的水接着装第二层料，用脚踏实，在框四周边缘撒一层菌种和营养料。每块草砖4～5层。最后一层要全面撒菌种和营养料，再盖一层薄膜和稻草卸去木框，用草绳捆扎实，即成草砖。搬上菇架。

上架形式有两种。一是在草砖上架前，床架铺上少量菜园土，并加入少量牛粪粉。把草砖放在土上，以利多结地脚菇。二是将草砖放在菇架上，盖上塑料薄膜即可。

（2）草把平面法

将发酵过的稻草，扭成“∞”字形的小草把，每把100～200克，将小草把整齐紧密地堆叠一层，在每层距边缘3～5厘米处撒上菌种及营养料，每床堆叠2～3层，成堆后在四周覆土盖上塑料薄膜，保温保湿。

（3）乱草筑床平面法

在菇架上先铺一层5厘米厚经发酵过的稻草，在草面均匀撒一层营养料。

再放一层菌种，如此共铺3～4层，每平方米用干草10～13千克。表面均匀撒一层菌种，再覆盖一层0.5～1厘米厚的菜园土和干牛屎，以见少量稻草露出床面为宜。最后盖上塑料薄膜，保温保湿。

运用蒸汽处理稻草，使料温达60～65℃（巴氏消毒）保持2小时后，使温度降回50～55℃，保温3～24小时后发酵，其栽培草菇的生物效率可达30.1%～36.5%。

从稳产和成本考虑，生产上应推广6小时处理最为适宜。用蒸汽处理后发酵保持6小时，栽培草菇生物效率为34.8%，比对照增产30.1%。稻草和覆土经6小时发酵处理，栽培草菇，比稻草用蒸汽处理但不覆土增产80.1%。

蒸汽处理过稻草呈黄褐色，质地柔软，大部分有害的微生物（杂菌）被杀死。栽培时未发现杂菌、虫害滋生。播种后3小时菌丝开始萌发，3～4天菌丝吃透料，长势旺盛，5～6天见菇点，8～10天收菇。生产周期中，生物学效率稳定，适合工厂化生产。该项增产的技术措施，已全面推广应用于生产。

（五）栽培科学管理

发酵完毕后，关闭蒸汽阀，开启门窗使菇房空间温度降至34～36℃，培养料温40℃以下即进行抢温表面播种。用量与品种有关，如V23号草菇种，接种量为5%～6%时，其产量最佳。

1. 菌丝生长阶段

关闭门、窗进行保温保湿，发菌期间绝不淋水，不需要光线，只要微微通风。若菇房保湿条件差，则可在菇床覆盖塑料薄膜。菇房温度应保持在32～34℃，菇床培养料的中心温度34～36℃。料温过高，湿度大容易发生菌丝徒长，使菌床形成一层不透气的菌膜，严重影响产量。杂菌虫害容易滋生，长时间40℃以上草菇菌丝会烧死。

2. 出菇阶段

播种后经4～5天即可出现少量白色菇点，菌丝开始收缩扭结出菇（V23号可能7～8天才扭结）。此时要开门窗，向菇床喷一次“出菇水”，以喷雾温水（切勿喷井水）让雾点自然降落，稍通风，然后继续保温保湿。再过5～6天菇床产生大量白色菇蕾（图10–5），此时将塑料膜撑起，待菇长大呈花生米大小，再揭去薄膜。

图10-5　草菇大量出菇

出菇期间，菇房温度控制在28～30℃，最适合草菇子实体生长发育，长出的菇不易开伞、个大质好。这期间空气相对湿度要保持在85%～95%，要经常向菇房空间喷雾；朝墙壁、地面淋水，不能对菇蕾直接喷水，以免菇蕾萎缩或烂菇。菇房要加强通风，保持空气新鲜，引进散射光。若光线不足，可增设电灯、日光管补充光量。

（六）采收

在适宜于草菇生长的条件下，室内栽培草菇5～6天见菇蕾，10天左右收菇。当第1潮菇采收完后，隔3～4天，第2潮菇出现，5～6天可采收。室内栽培草菇，收菇集中，第1潮产量占整个收菇期产量的70%～80%。由于草菇生长迅速，采收必须及时，最好一天采收2～3次。以菇体由基部较宽、顶部稍尖的塔形变为卵形，质地由硬变松，色由深变浅，包被突破之前采收为宜。采收时动作要轻，一手按住草菇生长部位小心保护未成熟的小菇蕾，一手将成熟的草菇拧转摘起。有密集丛生的菇堆，应在大部分适合采收时，一齐采摘，以免因采收个别草菇的翻动而造成大量未成熟的草菇死亡。

第三节　栽培常见问题

草菇栽培一般分为菌丝阶段和出菇阶段，它们所需要的温度、湿度、通风、光线等有所差异。在栽培过程中，由于管理不善，会产生各种异常状况。

一、死菇

草菇菌蕾形成后，再过3～4天就可采收。但在生长过程中，可能出现成片的小菇萎蔫而死亡，尤其是第2潮菇较严重。

（一）菌种

要选择优良、无杂菌、菌丝粗壮、菌龄适中的优良品种，适龄生产种从接种开始计算的一个月内使用最适合。如果使用老化菌种、生活力下降，影响养分积累，第2潮菇因养分供应不足而萎蔫死亡。

（二）持续高温高湿或干燥

在出菇过程中，气温超过30℃以上，菇房通风不好，氧气不足，二氧化碳积累过多，也会使小菇蕾闷死。如果菇房正在出菇，持续34～35℃高温，不适合子实体生长发育，就会产生死菇。湿度过大，二氧化碳多（即又湿又闷），即使出了菇，菇床上也会“生毛”，菇肉变为菌丝，甚至菇体变凹型，称“肚脐菇”。小菇因缺营养，氧气不足而枯萎死亡。为了防止高温死菇，要注意菇房的温度，加强通风，增加菇房内的新鲜空气。

（三）温度急剧下降

草菇生长过程中，对温度变化很敏感，一般结菇温度在30℃左右，但一遇到台风或寒流袭击，菇房气温骤变，或盛夏季节持续高温达37℃以上，均会导致小菇蕾成潮死亡。因此，要及时对菇房采取保温或降温措施，低矮瓦菇房要开顶窗，使热气上升排走降低温度。特别是春、秋季节下半夜温度变化大，更应密切注意管理。

（四）缺水

培养料水分不足，采收草菇后没有及时补充水分，空气湿度低等，均可导致小菇蕾萎缩。因此，堆料播种时，培养料水分含量要求75%～85%。一般从播种到出菇，如果水分达到要求，菇床基本不用喷水。注意喷水不要喷在菇蕾上，否则易导致菇死亡。随着菇长大，管理以保湿为主，只是在地面、墙四周空间喷雾，以加大空气湿度，减少菇床水分蒸发。

（五）培养料偏酸

草菇菌丝适宜在偏碱环境下生长，如pH值在5.0以下，小菇蕾难长大，也会出现菇萎蔫。因此，采完第1潮菇后，要喷1%～2%石灰水清液，以保持培养料pH值8.0左右。

（六）培养料入房建床堆叠草把过松

由于草把堆叠过松，会使草菇菌丝生长纤细、稀疏，结菇部位太浅，菇蕾得不到充足养分，菇难长大易干死。因此，堆叠草把时，一定要堆紧，切勿过松，过松则草把容易蒸发失水，草菇菌丝缺少水分吸收不到养分而干死。

（七）温度不适宜

堆温低于30℃以下或用冷水（井水）喷菇会引起死菇。在喷“出菇水”时，如果喷22℃左右井水或喷40℃以上热水，第二天小菇蕾全部死亡。出菇时一般不向菇床直接喷水。若一定要喷，只能用30℃～35℃温水，喷嘴朝上方空气，令雾水慢慢降落到菇床为宜。

（八）采收不注意

草菇依赖菇脚的菌丝束吸收养分（相当于植物根部），如果在采收时不注意，碰动了旁边正在生长的小菇蕾，将会造成死菇。因此，采摘菇时动作要轻，一手按住菇的生长基部，保护好幼菇，另一手将成熟菇轻轻拧转摘起。若有群菇，则要待大部分菇长大一起采收，以免由于采一大菇碰撞其幼菇，造成菇死亡。

（九）菇床受病菌、害虫侵染

用发霉稻草做培养料栽培草菇，或在不卫生场地栽培，会导致杂菌及害虫大量滋生。培养料内菌丝受害，会使床面的幼菇死亡。此时要在料内加3%茶籽粉或喷0.2%敌百虫溶液，能收到较好的效果。在配制培养料时，不要加过量的含氮量高的辅料，以控制杂菌的发生。第1潮菇采收后，容易受霉菌浸染，发生后要及时处理。

二、其他异常状况

（一）菌丝徒长

草菇菌丝生长阶段，在料面形成大量白色绒毛状气生菌丝，有的成为一层白色菌膜，使菌丝不能扭结，以致不能顺利进入生殖期（出菇）。这一般是由于播种后覆盖塑料薄膜的时间太长，或覆盖过于严密，缺乏定期揭膜透气引起。也有可能菇房气温高，料的湿度大，料温也高，二氧化碳体积分数过高，刺激菌丝徒长。此时要将薄膜定期揭开，覆盖一般控制在2～3天。加强通风。

若菌丝已吃透料，菌丝进入成熟阶段则将菇房温度降至28～30℃，促使菌丝扭结出菇。引起菌丝徒长的另一个原因，可能是撒播菌种不均匀，有些料面菌种太集中，加上料湿度大，菌丝不往料内生长，集中于表面，形成菌膜。此时要加强通风，使部分菌丝干死或破坏部分菌丝，将空气湿度降低，防止徒长现象发生。

（二）菌种出菇

播种后一般菌丝萌发蔓延生长，但在播种后2～3天，裸露料面的菌种上有时出现很多白色菇点，影响菌丝吃料和向料内生长。引起原因有以下几点。

① 菇房光线太强，刺激表面菌丝扭结，过早地结菇蕾。

② 菌龄过老（老龄菌种），接种后也易在菌种上过早产生菇蕾（即菌种出菇）。因此，栽培时要选用适龄菌种，最好选20～25天种龄的菌种。发现后要用草苫遮荫，菇房的门、窗要封闭遮光，防止强光刺激。

③ 子实体形成过程中缺氧，使菇外包膜顶部生长不正常，出现整齐圆形缺口，形状似“肚脐状”。引起“肚脐菇”的原因主要是通风不良，在二氧化碳体积分数过高的环境下生长。因此，菇房要定期通风，及时排除积累的二氧化碳，保持空气新鲜，满足草菇生长对氧气的要求，以防“肚脐菇”的发生。

（三）草菇菇体长白毛

草菇长白毛严重的可以引起草菇萎缩死亡。引起原因可能是温度过高、湿度过大、菇房通气不好、缺氧，多见于出菇时覆盖薄膜太严，产生二氧化碳积累过多，抑制草菇生殖生长，高温激发菇肉变菌丝，生长在菇体上。另外菇房空气湿度过大，又湿又热又闷的菇房，往往会出现“菇体生毛”的现象。预防方法是加强通风，控制适宜的温度、湿度。

（四）菇早开伞

子实体在适温范围内，由扭结期进入成熟期，一般需要2～3天。但遇到高温，即30℃以上，则出现生长迅速，往往菇蕾早开伞，菇型变小，菇肉变薄，菇轻，严重影响产量和质量。预防方法是在草菇出菇期间，菇房要加强通风，降低温度，最好控制在25～28℃之间。

第四节 贮运销售加工

草菇采收后，菌盖会继续伸长，在炎热的夏天难以贮存。30℃左右的气温，极易开伞和枯萎，从而降低草菇的质量。若需远销，应冷藏运输或运冷冻厂进行速冷，以保证草菇的质量。加工方法主要有煮熟后盐渍、脱水干制等。贮运时草菇不能用低温保鲜，低温（4℃）菇体会自融出水。要求15℃保鲜，最好是适当脱水。

第十一章　双孢菇

第一节　概　　述

双孢菇又名双孢蘑菇、口蘑、白蘑菇、洋蘑菇，在北方俗称双孢菇（图11-1）。

双孢菇是目前世界上栽培量、消费量最大的食用菌品种，有“世界菇”之称。2021年全国总产量突破200万吨，在我国主要分布在福建、浙江、山东、江苏等地。目前世界上栽培的双孢菇一般可归为3个品系，即白色品系、棕色品系和奶油色品系（又称哥伦比亚种）。这3个品系中，以白色品系的品质最佳，栽培面积最大，是我国和世界上其他国家和地区的主栽品种，本章介绍的内容均指双孢菇中的白色品系。

图11-1　双孢菇

一、形态特征

双孢菇属草腐菌，中低温性菇类，担子上有2个担孢子，所以称为双孢蘑菇。子实体多单生，圆正、白色、无鳞片，菌盖厚、不易开伞，菌柄中粗较直短，圆柱形，稍弯曲，菌肉白色，组织结实，菌柄上有半膜状菌环，孢子印褐色。子实体中等至稍大，菌盖直径3～15厘米不等，初半球形，后近平展，有时中部下凹，白色或乳白色，光滑，后期具丛生毛状鳞片，干燥时边缘开裂。

二、应用价值

双孢菇子实体肉质细嫩，鲜美爽口，营养丰富，其蛋白质含量几乎为笋、菠菜、马铃薯、白菜等蔬菜的2倍，与牛奶相当，而脂肪含量仅为牛奶的十分之一。素有“上帝的食品”“植物性食品的顶峰”之美誉。双孢菇含18种氨基酸，其中8种是人体必需氨基酸，其蛋白质可消化率达70%～80%，氨基酸中的赖氨酸含量相当丰富，可弥补谷物类食品中此类营养物质的缺乏，使肌体营养得到平衡。此外，双孢菇中含有维生素B_{12}、维生素B_2、维生素C及烟酸等维生素；还含有多种具生理活性的矿质元素，如磷、钠、锌、钙、铁等。我国膳食中普遍缺铁、钙，因此，多食用双孢菇对青少年和老年人特别有益。

双孢菇性凉，味甘平，有开胃理气、解毒化瘀、止吐、止泻、清神护肝等功效。常食可增进食欲，防止感冒，清热生津，和中润肠。现代医学研究证明，双孢菇中含有多糖体、异蛋白和多种酶，有抗癌、抗菌、抗病毒活性，能提高人体免疫力和抗病力，被称为“天然抗癌良药”。双孢菇是低热能的碱性食物，菇体中的不饱和脂肪含量较高，可预防动脉和肝硬化、心脏病及肥胖症等。用双孢菇作原料制成药物对治疗迁延性肝炎、慢性肝炎、肝大、早期肝硬变等有较好疗效。

生产双孢菇的原料来源广、成本低廉，以麦秆、稻草等秸秆和牛鸡等畜禽粪为主。栽培场所因地制宜，菇房、林下、简易棚、冬暖棚、大拱棚、土洞、防空洞、仓库等均可；在北方适宜的栽培季节是冬闲期间，劳动力充足；栽培工艺容易掌握，管理上省工又省时，风险小，见效快，不易受风、寒、冻的危害，即使是初次栽培者，只要按其生长规律进行栽培管理也能获得较好的收成。

三、生长发育条件

（一）营养

双孢菇属草腐生菌类。能为其提供碳素营养的物质叫碳源，碳在菇体成分中占50%～60%。双孢菇所能吸收利用的主要碳源有植物的秸秆，如稻、麦、玉米、地瓜、花生等的茎叶及棉籽壳，其次是粪肥。这些营养物在一定的配比条件下，经过堆制，依靠嗜热型微生物分解及菌丝自身胞外酶的作用，将大分子含碳化合物分解成简单的可溶性碳水化合物，连同各种微生物残体，为双孢菇菌丝体所吸收利用。双孢菇菌丝体不能利用碳酸盐等无机碳。双孢菇从播种到第1潮菇蕾出现，66%～92%的木质素已消耗，而半纤维素和戊聚糖在菌丝生长阶段下降很慢，但在产菇期间下降较快。即双孢菇在菌丝生长阶段主要是消耗培养料中的木质素（图11–2），出菇期间主要消耗戊聚糖和半纤维素。

图11–2 长满菌丝的双孢菇栽培料

能为双孢菇提供氮素营养的物质叫氮源。双孢菇不能同化硝态氮，但能同化铵态氮，不能直接吸收蛋白质，但能很好利用其水解产物，如蛋白胨、氨基酸、尿素等。在双孢菇培养基堆制中，氨被粪草中的微生物吸收利用并转化为菌体蛋白，这种菌体蛋白水解成氨基酸后，也是双孢菇生长所需要的良好氮源。如果主要原料中含氮量不足，可通过增加有机氮或无机氮方式补充，有机氮有菜籽饼、花生饼、麸皮、米糠、棉籽壳、玉米粉及禽畜粪便等，无机氮有尿素、碳酸铵、石灰氮等，补氮效果有机氮优于无机氮。

此外，矿质元素（磷、钾、钙、镁、硫等）也是双孢菇生长发育所必需的物质。磷是核酸的能量代谢中的重要物质，在碳的代谢中，也是必不可少的，没有磷，碳和氮便不能得到很好的利用，所以在培养料中要添加1%~2%的磷肥（如过磷酸钙），但过量的磷酸盐会造成培养料偏酸。钾在细胞组成、营养物质的吸收和呼吸代谢中必不可少，由于培养料中含量丰富，一般不必添加。钙能促进菌丝体生长和子实体形成，还可使堆肥与土壤凝聚成团粒，提高培养料的蓄水保肥和通气能力，并对培养料酸碱度变化起到缓冲作用，使之不至于过酸而影响菌丝的生长；钙的生理效应与钾、镁是对抗的，当这些元素过量时，钙能消除其对菌丝生长抑制；在生产中常用石膏、碳酸钙或石灰作为钙肥。此外，常用的无机盐还有磷酸二氢钾、硫酸钙、氯化钠、硫酸镁等。

（二）温度

对温度的要求，因双孢菇品种、发育阶段、培养条件等而异。

双孢菇孢子萌发温度在24~26℃之间，其中北方品种孢子萌发最适宜温度为24℃左右，一般7~15天就能萌发。菌丝体在5~33℃均能生长，在最适宜的20~25℃温度条件下，每天可长4~6毫米，是10℃条件下长速的5~8倍，且菌丝粗壮、浓密、活力强。高于25℃，菌丝生长速度快，但稀疏无力。当温度达到30℃时，生长减缓，长速不及25℃下的二分之一。低于15℃，生长缓慢。低于5℃，则停止生长，但不致冻死。菌丝体能抗-15℃的低温。

子实体分化生长的温度范围为7~28℃，最适为13~18℃，此温度条件下子实体生长速度适中，菌柄粗壮，肉厚，商品质量好且产量高；高于20℃，子实体生长快，菌柄细长，薄皮易开伞，质量差；低于12℃，子实体生长慢，菇大、肥厚、组织致密，单菇重，且产量低。室温连续几天在25℃以上，会引起子实体死亡。可见双孢菇在一定范围内随着生长温度的升高，其体内生化反应速度加快，生长发育加快，但当温度提高到一定程度后继续升高，菌丝体生长速度会迅速下降，直至死亡。这是由于高温可使子实体中的营养向菌丝体倒流，使小菇干枯、萎缩，造成畸形菇或死菇。

科学证明食用菌完成一个生长周期需满足一定的温度总和（积温），在生长温度范围内，相对高的温度可缩短生长周期。利用这些生物学特性，可根据当地气候条件选择最适宜的堆料期、播种期和出菇期，从而做好抗高温、防低温，获得高产稳产。

（三）湿度

水是双孢菇生长不可缺少的重要组成部分，不同品系、不同品种、不同菌株在不同的生育阶段对水分的需求是不同的。双孢菇菌丝及子实体的含水量均在90%左右，水分是其营养吸收和物质代谢的载体和溶媒，尤其是出菇期更需大量水分。这些水分主要来源于覆土、培养料和空气。一般要求培养料含水量在60%左右，低于50%菌丝生长缓慢，绒毛菌丝多而纤细，不易形成子实体；高于70%，料内氧气不足，出现线状菌丝，菌丝活力差，易窒息死亡。菇蕾形成及生长阶段，土层含水量要大些，应在20%～22%，菇房空气相对湿度在菌丝体生长阶段以70%左右为宜，出菇阶段要提高到85%～95%，过低子实体生长慢，有鳞片，有空心，影响产量和质量；高于95%，则必须加强通风换气，否则会感染病虫害，且易产生死菇、锈斑等。

（四）空气

双孢菇是好气性真菌。菌丝和子实体在生长过程中不断地消耗氧气，放出二氧化碳，所以菇房内容易积累二氧化碳，二氧化碳积累达到一定比例时，就会阻碍菌丝体或子实体的正常生长发育。新鲜空气中二氧化碳的体积分数是0.03%，菌丝体生长的适宜二氧化碳体积分数为0.1%～0.5%，子实体生长的最适宜二氧化碳体积分数为0.03%～0.1%。因此，菇房要定期通风换气，特别是在出菇期，应加大通风量。在播种前后几天，培养料发酵过程残留的氨、硫化氢等废气也要及时排出，否则会造成菌丝萎缩，生长缓慢。

（五）酸碱度

双孢菇菌丝体生长的pH值范围为5.0～8.0，最适值pH 7.0，较其他担子菌稍偏碱。子实体生长需要的pH值为7.0～7.5。由于菌丝体在生长过程中会产生草酸、碳酸等有机酸，致使培养料和覆土层逐渐变为酸性，不利于菌丝体生长。因此，播种前培养料pH值应调节至7.5以上，覆土的pH值可调至7.5～8.0之间，这样能有效地抑制霉菌生长。在收获一潮菇后，定期用石灰清液调节菌床pH

值，是控制菌床酸化的有效手段，但过碱会助长白色石膏霉的发生。

（六）光照

双孢菇属厌光性菌类，其生长发育一般不需要光线，菌丝体和子实体能在完全黑暗的条件下生长，且子实体朵形圆正、色白、肉厚、品质好。所以，北方很多地方使用地下防空洞或山洞进行栽培。光线过强或者直射光会使菇体表面干燥发黄、粗糙，甚至菌柄徒长，菌盖歪斜变色，影响菇的质量。

（七）土壤

菇床在发好菌后，需要对其进行覆土，这是双孢菇栽培中必不可少的工艺。覆土材料要求质地疏松，毛细孔多，团粒结构好，湿而不黏，干而不散，蓄水力强，有机质含量高的偏黏性壤土。一般可采用林间土、稻田土、菜园土及发酵场地的垛底，有机质丰富，有利菌丝上土。选好覆土后拌上1%～2%的石灰粉，调节pH值为7.5左右，同时，可加入5%～10%的草木灰，因为草木灰中含钾等矿质元素，钾离子能被菌丝直接吸收，使菇体粗壮，菇色增白，质量提高，还可加入10%发酵的麦秸或米糠，以改善覆土中物质和营养结构。沙性土不能作为覆土材料，东北的林下草炭土最好。覆土要避免出现土块过大、沙性过大、石灰过多、生土过多及炭渣过多的现象。

第二节　栽培管理技术

一、常见品种

我国栽培双孢菇的常用菌株，按其菌丝体在琼脂培养基上的特征不同，可分为气生型、贴生型（匍匐型）和介于气生、贴生之间的半气生型及杂交型四大类型。各类型和常用菌株及其特性如下。

（一）气生型菌株

菌丝洁白，绒毛多，生长旺盛，尖端直立，密度均匀，菌丝爬壁能力强，如闽1号。

（二）贴生型菌株

菌丝灰白色、平伏较纤细，有束状菌丝，基内菌丝多，如176菌株、111菌株、F56菌株和F62菌株。

（三）半气生型菌株

菌丝洁白、菌丝短、基内菌丝数多，如浙农1号。

（四）杂交型菌株

适应性强，产量比气生型菌株高，质量又比贴生型好，深受广大菇农和罐头厂家的欢迎，如2796、AS2796（图11-3）。

图11-3 AS2796菌株长满菌床

此外，双孢菇品种按其对环境温度的要求又可分为中低温型品种（如2796、AS2796、152、U3等）、中高温型品种（如上海102等）和高温型品种（如夏菇93、新登96等）。可根据不同栽培季节选用。

优质菌种菌丝灰白、清晰，生长有力，呈扇形生长，但无扇形变异，绒毛菌丝旺盛，菌丝前端呈扇形。匍匐型品种菌丝贴生呈细线状分布，上下均匀，没有扇形变异，没有黄白色厚菌被。在粪草培养基上，菌丝洁白至苍白色，粗细均匀，后期出现菌索，上下均匀一致，无菌被，在23℃恒温培养条件下，原种（750毫升菌种瓶）25～30天可长满瓶（图11-4），栽培种提前5天左右长满瓶；谷粒种菌丝浓白粗壮，遇高温时微黄，上下均匀一致。合适菌龄粪草栽培种为50～55天，麦粒栽培种50～60天，稻草栽培种30～40天。

图11-4　双孢菇原种

二、栽培场地及设施

（一）栽培场地

栽培场地要求地势高、平坦，利于通风、排水与控制杂菌，避免涝灾和减少病虫源。远离一切产生虫源（禽畜场、堆肥场、垃圾站等）、粉尘（如石灰厂、煤矿、木材加工厂等）、化学污染物（化工厂、印染厂、制革、皮毛厂等）等的场所，以减少杀虫剂的使用，确保产品质量。

（二）栽培设施

栽培设施可分为露天（图11-5）与室内（图11-6）两大类。室内设施包括房屋、简易草木菇房、地下室、防空洞等。露天设施又有露天封闭式与露天开放式之分，前者包括阳畦栽培、塑料棚窑栽培、太阳能温床栽培、地下式或半地下式温室栽培、拱棚式栽培、浅沟式栽培、土埂式栽培、冬暖式日光温室栽培及简易日光温室栽培等，后者是指与田间作物或林木的间套种植。

图11-5　露天栽培设施（双孢菇林下种植）

图11-6　室内栽培设施（层架式种植）

三、栽培季节

根据双孢菇的生物学特性、当地的气候条件及市场需求科学合理地进行生产季节安排。

双孢菇产区大多采用中低温品种，在秋季栽培，秋、冬、春季出菇。如果春栽通常选择在3月上中旬播种，4月下旬至6月上旬前后出菇，根据菇场控温性能采用中、高温型品种。夏栽一般选择在6月中旬播种，7月下旬至9月上中旬出菇，此时须选择高温型品种。

在山东地区，一般于8月上中旬进行建堆发酵，前发酵期为20天左右，后发酵期为7天左右；从播种到覆土需18天左右；覆土到出菇也需18天左右，所以秋菇管理应集中在10～12月。翌年1～2月的某段时间，大部分地区气温降至–4℃左右，可进入越冬管理。保温条件差的菇棚可封棚停止出菇；保温性能好的应及时做好拉帘升温与放帘保温工作，注重温度、通风、光线、调水之间的协调，争取在春节前能保持正常出菇，以争取较高的市场价格。2月底便开始春菇管理，3～5月采收，5月整个生产周期结束。以山东省为例，秋栽双孢菇的工艺流程如下：

备料（配方）$\xrightarrow{2\sim3天}$建堆$\xrightarrow{6\sim7天}$第一次翻堆$\xrightarrow{5\sim6天}$第二次翻堆$\xrightarrow{4\sim5天}$第三次翻堆$\xrightarrow{1\sim2天}$菇棚消毒灭虫$\xrightarrow{1天}$（入棚）后发酵$\xrightarrow{6\sim8天}$建畦播种$\xrightarrow{2天}$发菌管理$\xrightarrow{15天}$覆粗土$\xrightarrow{5\sim7天}$覆细土$\xrightarrow{7\sim9天}$出菇管理$\xrightarrow{4\sim5天}$采菇。

四、栽培管理

（一）播种、发菌与覆土

1. 铺料

把发酵好的料堆按畦床大体摊平，把料抖松，将粪块及杂物拣出，通风降温，排出废气，使料温降至28℃左右。提倡小畦铺厚料，以改善畦床通气状况，增加出菇面积，提高单产。大棚栽培提倡南北走向，以受热均匀，操作也方便。

2. 播种

按每平方米1～1.5瓶的播种量（一般为麦粒菌种），把总量的三分之二先与培养料混匀（底部8厘米尽量不播种），用木板将料面整平，轻轻拍压，使料松紧适宜，用手压时有弹力感，料面呈弧形或梯形，以利覆土。之后把剩余的三分之一菌种均匀地撒到料床上，用手或耙子扒一下，使菌种稍漏进表层，以利定植吃料，不致使菌种受到过干或过湿的伤害。

3. 覆盖

播种结束，应在料床上面覆一层消过毒的薄膜，以保温保湿，且使料面与外界隔绝，防止杂菌和虫害入侵。2～3天后，薄膜的近料面会着满冷凝水，此时应翻过来，使菌种继续在消毒的保护之中，而冷凝水被蒸发掉，如此循环。

4. 发菌

此期应采取一切措施创造菌丝生长的适宜条件，促进菌丝快速、健壮生长，尽快占领整个料床，封住料面，缩短发菌期，尽量减少病虫害的侵染，这是发菌期管理的原则。播种后2～3天内，菇房以保温保湿为主，促进菌种萌发定植。发菌期间要避免表层菌种因过干或过湿而死亡。

5. 覆土

菌丝长满培养料后2～3天，即可覆土。覆土前要对菌床进行彻底检查处理，把覆盖的报纸或覆膜拿到棚外进行处理，挖除所有杂菌。腐殖质丰富的覆土要进行预处理，堆闷1～2天。覆土前将菌床表面用手轻扒一下，使表层菌丝断裂，这样覆土后菌丝可在断裂处快速形成新的生长点，可缩短菌丝爬土时间。覆土厚度为3～4.5厘米。

6. 扒平

覆土后8天左右，因大量调水导致覆土层板结，可采取"扒平"工艺解决，其具体方法是用几根粗铁丝拧在一起，一端分开，弯成小耙状，松动畦床的覆土层，改善其通气及水分状况，且使覆土层混匀，使断裂的菌丝体遍布整个覆土层。该工艺是目前国际上进行工厂化生产普遍采用的技术。

（二）出菇管理

在正常温度环境条件下，覆土后15～18天菌丝即可上满土，绒毛菌丝开始扭成结线状菌丝，开始由营养生长向生殖生长转变。当菇蕾形成后，便进入出菇管理阶段，此后的管理目标便是使棚内的各环境指标尽量符合子实体生长发育需求。

1. 秋菇管理

秋菇生长过程中，气候适宜，产量集中，一般占总产量的70%。其管理要点是在保证出菇适宜温度的前提下加强通风，做好调水。

2. 冬菇管理

长江以北诸省，12月底到翌年2月底，气候寒冷，构造好、升温快、保温性能强或有增温设施的菇棚可使其继续出菇，以获丰厚回报，但在控温、调水和通风等方面与秋菇、春菇管理有较大差异，要根据具体的气温灵活掌握。

11月开始，气温逐渐下降，出菇量、生长速度、水分蒸发量也随之下降，应逐渐控制通风次数和通风量，按“调水量≈水分蒸发量+出菇量”的原则，减少喷水次数和喷水量，并掌握好管理时间，各措施都要以保温为主。具体如下。

① 及时拉放草苫，增加棚内温度。

② 通风要在5～6天内选择一个艳阳温暖的日子，进行一次彻底通风，前后对流，然后再密封棚体以保温。

③ 调水要视水温、气温及出菇情况酌情调加，忌调水量过大。

④ 覆土层含水量“宁欠勿多”，以保证土层的良好透气条件，适当撬松料层，保持床内菌丝的生长活力等。

升温、保温性能差的简易棚，棚内温度一般在5℃以下，菌丝体已处于休眠状态，子实体也因失去养分供给而停止生长，此时应采取越冬管理，否则会入不敷出，且影响春菇产量。具体越冬方法如下。

① 打开前后通风口通风，至覆土层干燥发白。

② 撬松料层，增强透气。

③ 耙松覆土层，挑去老根、杂物、病菇、死菇，剔除杂菌污染处。

④ 土层薄的地方要补土，整平畦床。

⑤ 隔10天左右，结合喷水，喷施1%糖、1%食盐和5%草木灰澄清液。这种越冬方式为湿料越冬。也可用干料越冬，即整理好床面后，覆土、通风、干燥，直接进入越冬。

3. 春菇管理

2月底至3月初，日平均气温回升到10℃左右，此时进入春菇管理。

① 逐渐增加喷水次数和喷水量，但不能过急，提高土层含水量及空气湿度，喷水后注意适当通风。

② 前期仍以增温保温为主，通风宜在中午进行，防止昼夜温差过大，后期防高温、干燥，通风宜在早、晚进行。

③ 出菇后期，菌床会变酸性，可定期喷施石灰水进行调节。

春菇的第1潮菇，由于培养基经过一冬天的休养，营养较充足，通过科学管理，使菌丝体充分恢复活力，一定能获得高产。相反，如果在秋菇、冬菇期因调水、温度管理不当对菌丝体造成损伤，春菇就很难有理想产量。

（三）采收

1. 采收时间

双孢菇一般在现蕾后的第5～7天，充分膨大而没开伞之前及时采收，此时产量高，品质好。采收过早，影响产量；采收过迟，菌肉变粗，品质下降。开伞的菇，孢子大量弹射，菇体重量减轻，产量降低。秋菇采收时，因气温较高，子实体生长快，易开伞，每天要采收2～3次。

2. 采收方法

双孢菇每潮菇从出菇到采收完大约需要7天，间隔10天又出第2潮菇，一般可连续采收6～9潮菇。采收时要采大留小，第1、2潮菇用旋转采法，即用手指轻轻捏着菇盖左右旋转，使菇体基部同下面的菌索断离，然后轻轻采下。丛生的球菇，用小刀小心切下合格的菇，留下小的，不可整丛切下，否则未长大的幼菇会全部死亡。前期培养料营养充足，菌丝生活力强，菌索能继续形成新的菇蕾。后期菌索已衰老，失去形成菇蕾的能力，故在采收时可用拔菇法，将基部的老菌索一起带出，以便新的菌索形成。采收的鲜菇，轻轻放入衬有纱布或塑料薄膜的篮子或木箱中，避免机械创伤造成变色，采收后立即将菇柄基部带的泥土用利刀削去，并按分级标准存放。

第三节　工厂化栽培双孢菇

工厂化栽培双孢菇是指根据双孢菇生物学特性，利用现代工程技术和先进机器设备，自动控制双孢菇生长发育的温度、湿度、二氧化碳等环境条件，不受季节限制全年生产双孢菇的栽培模式。双孢菇工厂化生产对选址、工艺路线、管理模式和市场定位等必须精心策划。

一、工厂选址条件

选址往往容易被忽视，但却是双孢菇工厂化生产能否持续和生存的关键。厂址未选好将大大提高生产成本，失去市场竞争力。在我国现今条件下，选址必须考虑以下因素。

1. 当地的支持力度

当地对食用菌产业的认同度和支持力度影响到建厂时的土地使用、用电成本及资金扶持，必须首先考虑。

2. 原材料情况

原材料成本占生产成本的30%～40%，且影响运行周转金的占用量。选址时一定要考虑当地原材料价格的高低和取得的难易程度。

3. 覆土材料情况

覆土材料质量的好坏对产量影响很大，这是大部分种植者忽视或完全不予注意的因素。工厂化生产一定要有优质的草炭土，否则难以达到理想的产量和质量。

4. 市场情况

考虑是鲜销还是制罐，以鲜销为主的必须以定位市场的销量来定规模。在目前消费情况下，由于双孢菇不耐保存，必须选择距定位市场车程4～5小时范围内建厂，距离越近越好。

5. 人文环境

双孢蘑菇工厂化生产，特别是以鲜销为主的，须雇用大量劳动力采收，而且一般采3潮，采菇质量的好坏影响后期的产量和质量，所以当地从业人员的素质和人文习惯是影响双孢菇工厂化生产的重要因素。

6. 交通运输情况

原材料和产品运输量很大，直接影响产品成本。

7. 废料使用情况

双孢蘑菇工厂化生产，每日产生的下脚料量很大，所以选址时必须考虑当地废料使用情况。选择种植业发达的地方，能够很好地利用下脚料。

二、隧道发酵工艺

发酵是双孢菇生产中最重要的工艺之一，发酵的好坏决定双孢菇生产成败的70%～80%。工厂化生产双孢菇采用集中发酵技术，把大容积培养料放在特别的隧道设施中进行自动控制发酵，操作简单，管理容易。

（一）发酵隧道的建设

发酵隧道地面可通风，由原木平行排列做成的栅栏状（图11–7），在通风地面之下设有通风区，发酵房的屋顶和墙体采用150毫米厚聚苯乙烯彩钢夹芯板，具有保温性。每条二次隧道墙面都喷聚氨酯墙体保温层，每条一次、二次发酵隧道配备通风控制系统1套、隧道温度控制系统1套。

建设发酵槽和隧道的要点在于：隧道和发酵槽所用离心分机的性能曲线应与原料的性状变化相匹配，同时又要与通风管道、风嘴密度和大小相匹配，否则无法建出好的隧道和发酵槽，也就无法制出好料。国外的隧道和发酵槽，不但建造结构与风机硬件相匹配，还配备多种准确、稳定的探头和调控系统，可以监测料温、气温、氨气、二氧化碳等多项参数及其变化，达到准确控制的效果。

图11-7　二次发酵隧道

（二）发酵工艺流程

发酵是通过有选择地培养有益菌对原材料进行预分解，使分解后的培养料及中间产物能更好地被双孢菇菌丝分解利用（图11-8）。整个发酵过程必须保持料内有均匀的一定浓度的氧含量，从而保证培养料进行均匀的有氧发酵，否则难以制出好的培养料。根据不同地方的气候、规模、设备、原材料、菌株、市场定位、人文环境确定相适应的工艺流程和标准，而不是千篇一律。

双孢菇堆肥隧道集中发酵（图11-9）分三个阶段，即前发酵、后发酵、发菌，又分别称作一次发酵（Phase Ⅰ）、二次发酵（Phase Ⅱ）、三次发酵（Phase Ⅲ）。利用发酵隧道进行集中大堆发菌，可将空调菇房周转期缩短14～17天。

图11-8　发酵中的栽培料

图11-9　堆肥隧道集中发酵

一次发酵通过定时通风和翻堆来保证料中足够的氧含量和均匀度。二次发酵通过连续通风来保证料中的氧含量和气温与料温温差在3℃以内。一次发酵后培养料技术参数为：水分70%～73%，pH值7.5～8.0，氨气含量0.007%～0.009%，氮含量1.65%～2.0%，碳氮比（22～25.5）：1。

二次发酵有两个主要重点：一是通过巴氏消毒，杀灭培养料中有害微生物及虫卵；二是进一步发酵使其转化成为有利于双孢菇菌丝生长需要的营养物质。二次发酵技术参数为：水分65%，pH值7.5，氨气含量为0.0008%，碳氮比（15～16.5）：1。

三次发酵实际上是在隧道内进行集中播种发菌培养，让培养料长满菌丝，不仅大大缩短栽培周期，也有利于蘑菇工厂化生产。具体做法是将二次发酵好的培养料降温至30℃时进行通风，通风结束后将培养料翻透抖松，整平料面后重新密闭菇房，通入蒸汽加热，维持料温45～52℃培养48小时，随后待料温降至30℃时通风，料温稳定在28℃左右时进行播种。在秋、冬、春三季自然气温不超过20℃时，新型发酵隧道不必添置降温设备即可进行大堆发菌，但须控制隧道供风量及新风比例，使堆肥温度稳定在22～27℃，发菌15～18天，菌丝洁白健壮，蘑菇气味浓郁。发菌结束，即铺料上床，将15天左右的菇房发菌占用时间转移到了隧道，空调菇房周转期由60天缩短为45天，原来的每年6轮栽培可增加到8轮，显著提高菇房设施的投资效益。

需要注意的是，不同原材料具有不同的物理性状和营养组成，在发酵过程中物理性状变化和各种营养成分分解情况不同。结合不同性状变化和营养组分变化配制不同的配方，再配合适宜的发酵工艺，因地制宜发挥各种原材料的优势，制出适合双孢菇生长的培养料。如福建省龙海市以杏鲍菇废料加牛粪为主做培养料，山西省长治市等地以玉米芯加牛粪为主做培养料。这些配方发酵过程的物理结构变化，有机质的分解、氨气的产生和转化、水分的变化等都与麦秸加鸡粪配方有明显不同，因此适合的发酵工艺也有显著差异。

三、菇房控制管理

（一）菇房建设

菇房一般长30米，宽10米，檐高6米，室内外高差为0.45米，钢结构，坡屋顶。屋顶和墙体采用150毫米厚的聚苯乙烯彩钢夹芯板。室内地面为混凝土防潮地面。外窗选用新70系列塑钢窗，并配备温控设备、通风设备及养菌架。菇房设备包括制冷、制热、通风、加温、除湿、内循环等和对菇房环境的控制协调系统。双孢菇的出菇阶段对氧气要求苛刻，需大量换气，而菇房环境受外界气候影响很大，这些系统须与菇房的大小、结构相匹配。

（二）出菇管理

1. 搔菌

保证覆土的疏松结构，形成许多易于结菇的小气候，是保证双孢菇高产的关键。搔菌可使出菇较齐，易于管理，且减轻出菇前喷水时的劳动量。

2. 水分管理

菇床面上双孢菇出菇比例达到5%～7%时需喷出菇水。出菇水的喷水量是每平方米4～5升，要分6次进行，每次喷水不要超过1升。

3. 通风管理

由于菌丝体生长旺盛，新陈代谢旺盛，排出的二氧化碳多，需要氧气也多，需要大量通风进行气体交换，以满足菇床表面菌丝体的呼吸需氧。要保持菇房内空气新鲜，就必须加强菇房通风换气，并减少菇房内空气湿度。

4. 温度管理

子实体生长温度范围为7～28℃，最适温度13～18℃，超过20℃时生长快，但菇柄徒长，肉质疏松，品质低劣，菌盖易开伞。在较低温度下子实体肥厚，菌肉组织致密，不易开伞，品质较好。

5. 覆土管理

覆土的作用有四个（图11-10）：一是为菌床的菌丝提供保护层；二是覆土后对菌丝产生了重力压迫和环境刺激，加上覆土层中二氧化碳的急剧增加，诱导双孢菇菌丝发生生理反应，菌丝形成索状并扭结成子实体原基；三是覆土贮藏的大量水分，通过对菌丝的渗透作用，保持了菌床的足够含水量，满足子实体对水分的需要；四是覆土是双孢菇子实体的着生地和支撑物。

覆土材料的结构、保水性和持水能力对出菇的影响往往被忽视，其实覆土材料的好坏，至少影响双孢蘑菇产量20%～30%。因此，应根据不同品种、不同市场要求，配制适合的覆土材料。与传统栽培相比，工厂化集中隧道发酵的培养料发酵更彻底，更适合双孢菇菌丝生长，因此出菇更集中，产量更高，所以要求覆土材料有更好的结构，更高的持水性和保水性，否则无法满足蘑菇生长的水分要求，产出薄皮菇、开伞菇、死菇现象严重。理想的覆土材料要求团粒结构好，土质湿而不黏，干而不散，疏松柔软，吸水性强，持水力高，干土结构空间3毫米，喷水后结构空间缩小至0.5～1.0毫米，并有一定肥力，不带病虫害污染源，pH值7.5左右。

图11-10　工厂化覆土

从覆土到出菇需13～15天，这一阶段是双孢菇由营养生长转入生殖生长的主要阶段，覆土后要求菌丝体生长的温度22℃，相对湿度75%，二氧化碳体积分数0.3%～0.4%。

第四节　双孢菇培养料发酵技术

一、优质高产栽培料配方

培养料是双孢菇获取营养、赖以生存的基本物质，好的原料、科学配方和合理的堆制工艺是生产优质培养基、确保稳产及争取高产的基础性条件。

（一）主料

草料与粪肥占培养料的90%～95%，是栽培双孢菇的主要原料。

1. 粪肥

粪肥是双孢菇生长时氮素的主要来源。牛、马、猪、鸡、鸭、兔等畜禽及人粪中含有丰富的氮素和矿物质，是常用的粪肥。粪肥收集后，晒干、杀死其中虫、螨，经粉碎后使用。

马粪性热，有机质丰富，质地疏松，有弹性，保温、保水性强，发酵效果好，是最理想的粪肥。牛粪性热，肥效长，后劲足，出菇虽稀但菇质好。牛粪质黏，湿粪发热量低，宜晒干敲碎后使用。猪粪性冷，其中速效氮含量特别高，为速效性粪肥。用猪粪种双孢菇，出菇快而密，但菇形小，菇质欠佳，易早衰，且前期产量高，后期产量低。禽粪中养分含量以鸡粪最高，鸭粪、鹅粪次之。

菇农购买粪肥时，要注意判别真伪，有的地方用土、酒糟、碳渣、秸秆粉碎后掺入粪肥，影响了肥效。提倡粪肥混合搭配使用。据测定，马粪含磷较高，猪粪含钾较多，而牛粪则含钙丰富。粪肥混合使用时，可使培养料营养成分更丰富、全面，有利于高产。

2. 草料

草料是蘑菇生长时碳素的主要来源。常用的草料有稻草、麦秸和其他禾本科植物。使用时将草料压扁或切断，有利于发酵。草料收割后置于烈日下暴晒，并妥善保存、避雨（图11-11）。鲜草料发酵时发黏、成团，不宜使用。凡雨淋发热、变软、发烂、霉变的草料不能用作堆料。

图11-11　存放的稻草

稻草以糯稻草和杂交稻草为最好，其次为常规稻的晚（粳）稻草，早（籼）稻草由于茎秆矮软，叶片多，体内养分积累少，易吸水，腐熟快，所以质量相对较差。

麦秆较硬，蜡质层厚，吸水差，腐熟速度也慢，但通气性能好，使用前最好用石碾或农用机械进行碾压，以使麦秆变形变软，从而有助于吸湿、发酵。麦秆中以大麦秆最易腐熟，其他依次为小麦秆、黑麦秆和燕麦秆。

如用早（籼）稻草与小麦秆同时混合堆料，会出现早稻草腐熟适度时，小麦秆还较生，或小麦秆腐熟适度时，早稻草已发酵过熟。正确的堆制方法应是：先将小麦秆和粪肥进行堆制，第一次翻堆时，再将稻草和部分粪肥加入。

（二）辅料

常用的辅料一般有饼肥和化肥，占培养基的5%～10%。其主要作用是补足培养料中的营养成分，调节碳氮比例和酸碱度，改善培养基的理化性状，促进堆料中微生物的活动和繁殖，提高堆料发酵质量等。

饼肥是一类含氮量高、营养丰富的有机物质。常用的有豆饼、菜籽饼、棉籽饼、啤酒糟、花生饼等。化肥以铵态氮化肥和钙肥为主。常用的有尿素、硫酸铵、碳酸氢铵、硝酸铵、氯化铵、石灰氮及提供矿质元素的过磷酸钙、碳酸钙、熟石灰和石膏等。

（三）科学合理的配方

1. 科学的碳氮比

食用菌培养料中碳氮比例必须适中。堆料中含100单位碳素，必须有30单位的氮素搭配，微生物的同化作用才能顺利进行。氮源不足，不但浪费了碳源物质，而且菌丝长势弱，影响产量；氮源过量，造成氮源物质的浪费，会引起双孢菇菌丝徒长，出菇推迟，严重时还会使培养料产生过多的游离氨，造成菌丝受损，故对菌丝体生长良好的氮源可能不是子实体生长所需的好氮源。原始配料中的碳氮比以（30～31）：1为好，发酵后以（17～19）：1为宜。

2. 合理的粪草比

采用粪草料栽培蘑菇时，配方中粪肥与草料的重量之比叫作粪草比。粪草比的大小对培养料的物理性状和发酵质量有直接影响。若粪少草多，尽管增强了培养料的通气性，但料内氮素营养是不足的，俗称“料不肥”，被微生物分解后产生的有机酸易积累过多，当pH值降至5.5以下时，双孢菇菌丝就不能正常生长，单产不会高。相反，若粪多草少，则培养料透气性差，缺少弹性，易产生厌氧发酵，且易导致料内氨气过浓，碱性过大，菌丝吃料缓慢甚至生长停滞。因此，粪草料栽培双孢菇时，粪草比必须配制恰当，目前生产上一般采用5∶5或4∶6的比例。

3. 参考配方（100米^{2}用量）

（1）通用标准配方

麦秸2 200千克，干牛粪2 000千克（或干鸡粪800千克），石膏80千克，石灰70千克，碳酸钙60千克，过磷酸钙40千克，硫酸铵20千克，尿素20千克。

（2）合成料配方

稻草或麦秸3 000千克，菜籽饼200千克，石膏粉50千克，石灰60千克，过磷酸钙50千克，尿素45千克，碳酸钙40千克，硫酸铵30千克。

（3）粪草料配方

麦秸1 500千克，干猪粪400千克，干牛粪500千克，过磷酸钙25千克，石膏50千克，石灰40千克。

（4）上海粪草料配方

干牛粪1 800千克，稻草1 500千克，麦秸500千克，菜籽饼100千克，尿素20千克，石膏粉70千克，过磷酸钙40千克，石灰50千克。

（5）福建粪草料配方

干牛粪1 300千克，稻草2 000千克，饼肥80千克，尿素30千克，碳酸氢铵30千克，碳酸钙40千克，石膏粉50千克，过磷酸钙30千克，石灰100千克。

（6）江苏粪草料配方

干牛粪或猪粪1 500千克，麦秸1 400千克，稻草800千克，菜籽饼150千克，尿素30千克，碳酸氢铵30千克，石膏80千克，石灰调pH值8.0左右。

（7）四川粪草料配方

干牛粪或干蚕粪400千克，麦秸1 200千克，稻草600千克，玉米秸或菜籽壳200千克，菜籽饼200千克，尿素30千克，碳酸氢铵25千克，石膏粉40千克，过磷酸钙50千克，石灰45千克。

（8）广西粪草料配方

干牛粪1 700千克，稻草2 000千克，花生麸140千克，尿素15千克，复合肥、石膏粉、过磷酸钙各55千克，石灰适量。

（9）河南合成料配方

麦秸4 000千克，饼肥80千克，尿素48千克，硫酸铵80千克，石膏粉和过磷酸钙各80千克，石灰28千克。

二、培养料发酵工艺

培养料堆制发酵（图11-12）是有机物质在好气条件下，经多种微生物的作用，发生复杂的生物化学变化的过程。这个过程受堆肥材料、堆制场所、堆积方法、翻堆日程、含水量和微生物参与作用等的影响，其中微生物起着特别重要的作用。

图11-12 培养料堆制发酵

（一）发酵机制与意义

1. 发酵的微生物学过程

培养料堆制发酵过程要经过3个阶段，即升温阶段、高温阶段和降温阶段。培养料建堆初期，微生物旺盛繁殖，分解有机质，释放出热量，不断提高料堆温度，即升温阶段。在升温阶段，料堆中的微生物以中温好气型的种类为主，主要有芽孢杆菌、蜡叶芽枝霉、出芽短梗霉、曲霉属、青霉属、藻状菌等参与发酵。由于中温微生物的作用，料温升高，几天之内温度即达50℃以上，即进入高温阶段。在高温阶段，堆制材料中的有机物质，如纤维素、半纤维素、木质素等进行强烈分解，参与发酵的微生物主要是嗜热真菌(如腐殖霉属、棘霉属和子囊菌纲的高温毛壳真菌)、嗜热放线菌(如高温放线菌、高温单孢菌)、嗜热细菌（如胶黏杆菌、枯草杆菌)等。嗜热微生物的活动，使堆温维持在50～70℃的高温状态，从而杀灭病菌、害虫，软化堆料，提高持水能力。当高温持续几天之后，料堆内严重缺氧，营养状况急剧下降，微生物生命活动强度减弱，产热量减少，温度开始下降，进入降温阶段，此时及时进行翻堆；再进行第二次发热、升温，再翻堆。经过3～5次的翻堆，培养料经微生物的不断作用，其物理和营养性状更适合食用菌菌丝体的生长发育需要。

2. 料堆发酵温度的分布和气体交换

发酵过程中，受条件限制，表现出堆肥发酵程度的不均匀性。依据堆内温、湿度条件的不同，可分为4个区。

（1）干燥冷却区

干燥冷却区和外界空气直接接触，散热快，温度低，既干又冷，也称干燥冷却层。该层也是堆肥的保护层。

（2）放线菌高温区

堆内温度较高，可达50～60℃，是放线菌高温层。该层的显著特征是可以看到放线菌白色的斑点，也称放线菌活动区。该层的厚薄是堆肥含水量多少的指标，水分过多则白斑少或不易发现；水分不足，则白斑多，层厚，堆中心温度高，甚至烧堆，即出现“白化”现象，也不利于发酵。

（3）最适发酵区

发酵最好的区域，堆温可达50～70℃，称最适发酵区。该区营养料适合食用菌的生长，该区发酵层范围越大越好。

（4）厌氧发酵区

堆料的最内区为厌氧发酵区，温度低，料发黏，甚至发臭、变黑，是堆料中最不理想的区。若长时间覆盖薄膜会使该区明显扩大。堆料发酵是好气型发酵，一般料堆内含的总氧量在建堆后数小时内就被微生物呼吸耗尽，在一定时间内，堆料中的氧气主要是靠料堆的烟囱效应来补充的，以满足微生物对氧气的需要，即料堆中心热空气上升，从堆顶散出，迫使新鲜空气从料堆周围进入料堆内，从而产生堆内气流的循环现象。但这种气流循环速度应适当，循环太快说明料堆太干，易发生“白化”现象；循环太慢，氧气补充不及时则会发生厌氧发酵。但当料堆发酵，即微生物繁殖到一定程度时，仅靠烟囱效应供氧是不够的，这时就需要进行翻堆，有效而快速地满足这些高温菌群对氧气及营养的需求，以达到均匀发酵的目的。

3. 料堆发酵营养物质的变化

培养料的堆制发酵，是物质复杂的化学转化及物理变化过程。其中，微生物活动起着重要作用。在培养料中，养分分解与养分积累同时进行，有益微生物和有害微生物的代谢活动要消耗原料，但更重要的是有益微生物的活动——把复杂物质分解为食用菌更易吸收的简单物质，同时菌体又把这些简单物质合成只有食用菌菌丝体才易吸收的多糖和菌体蛋白质。如双孢菇栽培料中的主要成分是粪草与化肥，它们都不能直接被双孢菇菌丝所分解利用。这些纤维素、木质素为主体的有机物质必须通过堆制，在假单孢杆菌、腐质霉菌、嗜热链霉菌、高温单孢菌或高温放线菌等有益微生物作用下，特别是好热性中温及高温纤维素分解菌的作用下，降解、转化成简单的、可被双孢菇菌丝吸收利用的可溶性物质。同时，放线菌等微生物死亡之后留下的代谢物、菌体蛋白及多糖体，对双孢菇的生长具有活化和促进作用。培养料通过发酵后，过多的游离氨、硫化氢等有毒物质得到消除，变得具有特殊料香味，粪草疏松柔软，透气性、吸水性和保温性等理化性状均得到一定改善。此外，堆制发酵过程中产生的高温，杀死了有害生物，减轻了病虫害对双孢菇生长的威胁和危害。可见，培养料堆制发酵是双孢菇栽培中重要的技术环节，它直接关系双孢菇生产的成败。

因此，在堆制发酵中，要对粪、草发酵原料进行选择，碳氮源要有科学的搭配，要特别注意考虑碳氮比的平衡。控制发酵条件，促进有益微生物的大量繁殖，抑制有害微生物的活动，达到增加有效养分、减少消耗的目的。培养料发酵既不能“夹生”，也不能堆制过熟，而使养分过度消耗和培养料腐熟成粉状，失去弹性，物理性状恶化。

（二）具体发酵操作步骤

1. 发酵场地选择

堆料场地应选择地带开阔，排水方便，靠近水源和菇房，远离鸡舍牛棚，最好是水泥地面。如果是泥土地面，地面要擂实，四周设排水沟。场地大小要根据料堆量大小和翻堆方便而定，一般100平方米的栽培面积，料堆长约10米，宽约2.2米，高约1.6米。

2. 原料的预处理

（1）稻草的预湿

建堆前2~3天，把稻草分潮用水浸泡或用水管浇，边浇边用脚踩，使稻草均匀吸收水分，分层堆放在发酵场旁边，每天早晚在草堆撒些石灰，表面淋湿（图11–13）。

图11–13　预湿中的稻草

（2）粪肥的预堆

6~7月，将所需粪肥晒干粉碎后备用（图11–14）。建堆前4天，将干粪预先湿润，并与事先粉碎的饼肥建成高和宽均为1.5米左右的堆，再用塑料膜覆盖，隔2天翻一次堆。若粪过湿则不要和饼肥预混，饼肥单独预堆升温后在建堆时加入。粪预堆后，氨气蒸发，臭味减轻，初步培养了一些有益微生物类群，粪肥疏松，病虫得到初步消除，为进一步发酵打好基础。如果时间和条件不允许，也可不预处理，只是要求建堆时要操作严格。

（3）建堆与翻堆

发酵是双孢菇栽培中的关键技术，准备好的原材料，选择了合理的配方后，还要采用科学而严格的发酵工艺，才能生产出优质的培养基，为高产创造基础条件，这三个要素，缺一不可。同时，发酵中建堆及翻堆过程是整个双孢菇栽培中劳动量最大的环节，但技术简单易行，一劳永逸。发酵过程中温度水分的控制、翻堆的方法、时机的把握决定着发酵的质量。

图11–14　晾晒中的粪肥

① 建堆　根据种植计划，在播种前28天左右建堆（图11–15）。料堆最好呈南北向，使日照均匀，发酵均一。堆料时先在堆料场铺一层30厘米厚、2～3米宽的麦秸，再在其上铺一层5厘米左右厚的粪，其上再铺一层麦秸，用脚踏实，这样一层麦秸一层粪各铺九层左右，长度不限。建堆大小要视季节而定，气温高时可适当小些，四周上下基本垂直，堆顶成龟背形，最上面盖一层粪，如有人畜尿可在上层浇入代替水。从第四层开始加尿素、石膏的一半量和全部石灰、增温发酵剂，逐层加入直至第八层。事先在堆料中部插入竹筒或竖立木棍，建好堆后拨出，以利增氧提温，发酵均匀。

三层以上开始浇水，中层少浇，上层多浇，达到四周有水溢出为宜。可在堆四角挖小坑，使溢水流入坑内，再反浇到堆上，防止养分流失。四周最好用薄膜围起，以利保湿升温，杀虫灭菌。气温较低或雨天应在上面覆膜，以防雨淋造成养分流失和厌氧发酵。堆料后第二天开始测量20厘米以内的料温。正常在建堆第2～3天，料温会升到65℃左右，如达不到，多因水分不足、水分过多或氮素不足，要查明原因，尽快采取补救措施。若料温连续2～3天达70℃以上，则提前翻堆。

图11-15 建堆

② 第一次翻堆 建堆后5～7天（气温高时5～6天，低时6～7天），观察温度计，当料温达最高并开始回落时进行。堆温升到65℃以上后，由于微生物活动使料堆内氧气耗尽，微生物活动减缓，堆温开始下降，通过翻堆，可改善堆内空气条件，调节水分，散发废气，并使堆料抖松、混匀。可再次促进有益微生物的生长和繁殖，重新提高堆料温度，使堆料进一步发酵，料内物质得到更好地分解和转化。

第一次翻堆重点是浇足水，翻堆前先在堆料四周喷水，翻堆时再逐层浇水。堆的规格比建堆时偏小点，四周也要有少量水流出。翻堆时要严格细致，做到上翻下、里翻外，抖松混匀，同样从第四层到第八层把另一半尿素、石膏及全部硫酸铵、一半过磷酸钙和碳酸钙加入。翻堆和重新建堆的速度要稍快。第一次翻堆后2天，料温可达65℃。

③ 第二次翻堆 第一次翻堆后4～5天，进行第二次翻堆。此时，切忌浇水过多，防止过湿。结合翻堆，把另一半过磷酸钙和碳酸钙全部加入。翻堆方法同上，尽量疏松，如有粪块，要充分捣碎拌入。

④ 第三次翻堆 第二次翻堆3～5天以后，料温达到70℃并开始回落时进

行第三次翻堆。此时尽量不要再加水。料的含水量控制在用手握紧料指缝间有1～2滴水滴下为宜，pH值8.0左右。

（4）后发酵

后发酵是近年来大力推广的增产技术措施，可以说，后发酵是双孢菇栽培中防治病虫害的最后一道屏障。后发酵的目的是最大限度地降低病虫基数，起到事半功倍的效果。同时，完成培养料的进一步转化，适当保持高温，使放线菌和腐殖霉菌等嗜热性微生物利用前发酵留下的氮、酰胺及“三废”（废水、废气、废渣）为氮源进行大量繁殖，最终转化成可被双孢菇利用的菌体蛋白，完成无机氮向有机氮的转化。此外，微生物增殖、代谢过程产生的代谢产物、生物素均能很好地被双孢菇菌丝体所利用。该过程创造的高温环境还可使培养料内及菇棚内的病虫害得以彻底消灭。

① 升温阶段　在前发酵第3次翻堆完毕的第2～4天内，趁热入棚，建成与菇棚同向的长堆，堆高1.3米、宽1.6米左右。选一个光照充足的日子，把草苫全部拉开，使料温达到60～63℃、棚温55℃左右，保持6～10小时，这一过程又称为巴氏灭菌。10月后，若温度达不到指标，则需用炉子或蒸汽等手段强制升温。

② 保温阶段　控制料温在50～52℃，维持4～5天。此时，每天揭开棚角通风1～2小时，撤掉棚内料表覆膜，补充新鲜空气，促进有益微生物繁殖。

③ 降温阶段　当料温降至40℃左右时，打开门窗通风降温，排出有害气体，后发酵结束。

（三）优质基料的标准与鉴定

发酵好的栽培料有如下特征（图11-16）。

① 质地疏松、柔软、有弹性，手握成团且不粘手，一抖即散，腐熟均匀。

② 草形完整，一拉即断，为棕褐色至暗褐色，表面有一层呈霜状的白色放线菌，料内可见灰白色嗜热性纤维素分解霉、淡灰色绵状腐殖霉等微生物菌落。

③ 无病虫、杂菌，无粪块、粪臭、酸味、氨臭味，原材料混合均匀，具双孢菇培养料所特有的料香，取小部分培养料在清水中揉搓后，浸提液应为透明状。

④ 培养料pH值为7.2～8.0，含水量为63%～65%，手紧握指缝间有水印，

水欲滴下的状况为佳。

⑤培养料上床后温度不会回升。

图11-16　发酵好的栽培料

第十二章　菌种生产

菌种生产是栽培食用菌的中心环节。没有菌种便不能进行食用菌的人工栽培，没有优良菌种就不能获得优质高产的食用菌。因此，掌握菌种的制作技术，是食用菌生产不可忽视的重要环节。

第一节　菌种类型与分级

食用菌的菌种，根据其来源和生产目的，通常将它们分为母种、原种和栽培种3级。

一、母种

母种是一级种。它是生产其他菌种类型的原始种。

母种的来源，一是在实验室内经孢子萌发、菌丝配对、提纯所获得；二是由生产上栽培的种菇，经组织分离和提纯所获得。二者均应通过出菇试验，确定具有优良的生产性能，才可供生产使用。

母种一般以玻璃试管作为容器，菌丝生长在斜面培养基上，所以又叫试管种（图12–1）。母种要求纯度高、质量好，一般生产单位都从信誉好的科研单位购置母种，再自行转管扩大培养。

二、原种

原种是二级种（图12–2）。由母种扩大到木屑或棉籽壳等培养基上培育的菌丝体，必须保持菌种纯度，绝对不能有污染。

三、栽培种

栽培种是三级种（图12–3），直接用于生产栽培，由母种、原种扩接、繁殖而得（图12–4）。原种和栽培种所用培养基的配方及培养方法是一样的。

图12-1　试管种

图12-2　原种

图12-3　栽培种

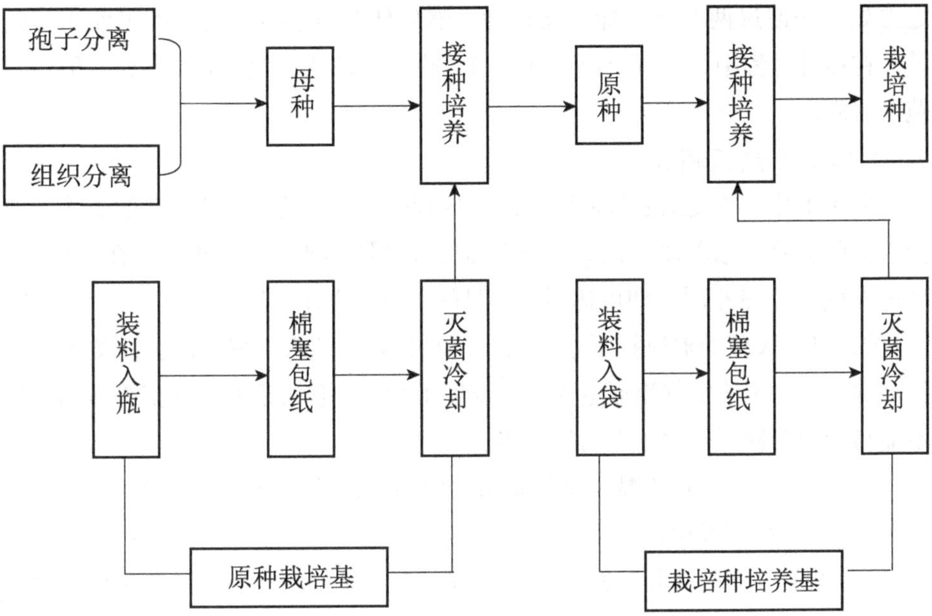

图12-4 三级菌种制作流程

第二节 灭菌与消毒

在空气、水和尘埃中，各种器皿和用具的表面或孔隙内都存在大量细菌、真菌孢子等。为了能从培养基质上获得纯菌丝体，就必须采用物理或化学方法对培养基、器皿及用具进行灭菌或消毒。

一、灭菌

灭菌就是采用物理、化学方法杀死一定环境中的所有微生物，使之达到完全无菌。灭菌的方法很多，由于灭菌的对象、实验目的不同，所采用的方法也不一样。常用的有下列几种。

（一）火焰灭菌法

将能耐高温的器物，如金属用具等直接放在火焰上烧灼，使附着在物体表面的微生物死亡，这种方法称为火焰灭菌法。火焰灭菌法适用于接种钩、铲、耙、刀等接种工具的灭菌。灭菌时，将接种工具的接菌端放在酒精灯火焰三分之二处，来回过两三次，烧红几秒钟，然后使其自然冷却后，即可使用。此外，在接种过程中，试管口或菌种瓶口，也采用该法。此法简便易行，但使用范围有限。

（二）干热灭菌法

利用干热空气使细菌蛋白质变性，达到灭菌的目的。把抗干热的器物，如待灭菌的吸管、培养皿、试管、三角瓶等玻璃器具放入干燥箱内，在160℃的环境中烘烤2～3小时，即可达到灭菌目的。具体操作方法如下。

① 将待灭菌的器皿控干水分后，用纸包好，放入干燥箱内。注意不可装得太满，以免影响空气流通造成箱内温度不均匀；包装纸和棉花塞等易燃物品不能与干燥箱铁板接触，否则易烤焦。

② 接通电源，旋转温度调节旋钮，使温度逐渐升至160～170℃，保持恒温2小时，然后切断电源。

③ 灭菌后待温度降至70℃以下时方可打开箱门取出器皿。如在高温时打开，玻璃器皿会因温度骤然下降而破裂。

干热灭菌法只适于玻璃器皿及金属用具，对于培养基等含水分的物质，高温下易变形的塑料制品及乳胶制品，则不适合使用。灭菌物品用纸包裹或带有棉塞时，必须控制温度不超过170℃，否则容易燃烧。

（三）湿热灭菌

湿热灭菌是最常用的灭菌方法，它不需要干热灭菌那样高的温度。湿热灭菌原理是使微生物的蛋白质变性，而蛋白质变性与含水量、温度等有关。含水量大时，蛋白质变性所需的温度低；反之，蛋白质变性所需的温度高。湿热灭菌时产生的热蒸汽穿透力强，可以迅速引起菌体蛋白质变性。所以湿热灭菌比干热灭菌所需温度低，一般培养基（料）都采用湿热灭菌。湿热灭菌方法有以下几种。

1. 高压蒸汽灭菌法

高压蒸汽灭菌是微生物实验、科学研究和生产中最常用的灭菌方法，也是食用菌制种中常用的灭菌法。一般培养基、玻璃器皿及用具等，都可用此法灭菌。

高压蒸汽灭菌的原理，是根据水的沸点可随压力的增加而提高，当水在密闭的高压灭菌锅中煮沸时，其蒸汽不能逸出，致使压力增加，水的沸点温度也随之增加。因此，高压蒸汽灭菌是利用高压蒸汽产生的高温，以及热蒸汽的穿透能力，达到灭菌目的。

在热蒸汽条件下，微生物及其芽孢或孢子在120℃的高温下，经20～30分钟可全部被杀死。斜面试管培养基灭菌时在121℃的温度下（蒸气压力98.07千帕），经30分钟处理即可达到灭菌目的。灭菌体积较大的原种或栽培种培养基，热力不易穿透时，温度增高至128℃（蒸汽压力147.1千帕），灭菌1.5～2小时，即可达到灭菌的目的。用高压蒸汽灭菌的具体操作步骤如下。

① 检查各部件完好情况，如安全阀、压力表、排气阀是否失灵，是否被异物堵塞，防止操作过程中发生故障和意外事故。

② 向灭菌锅内加水至水位标记高度，如果水过少，易烧干造成事故。若灭菌锅直接接通蒸汽，则不用加水。

③ 将待灭菌的培养基、料瓶或其他物品等分层整齐地排列在锅内，留有适当空隙，便于蒸汽流通，以提高灭菌效果。

④ 盖上锅盖，同时均匀拧紧锅盖对角上的螺旋，防止漏气。

⑤ 关闭放气阀，开始加热。

⑥ 当锅内压力上升至49.04千帕时，打开放气阀，排尽锅内冷空气，使压力降至零处，再关上放气阀。如果冷空气未放净，即使锅内达到一定压力时，温度仍达不到应有程度，就会影响灭菌效果。

⑦ 继续加热，当锅内压力和温度逐渐上升，达到灭菌所需的98.07千帕、121℃或147.1千帕、128℃的压力和温度要求时，即为灭菌的开始时间，这时应调节热源大小，减少热源，保持所需要的压力，视培养基的不同种类，经30分钟或1.5～2小时，即可达到彻底灭菌目的。

⑧ 关闭热源，待压力下降到零时，打开放气阀，排出残留蒸汽。或蒸汽压下降到49.04千帕，打开放气阀，待压力降到零时再打开锅盖，取出灭菌物品。

使用高压蒸汽灭菌锅灭菌时应注意以下两点：一是灭菌完毕后，应使锅内压力缓慢下降，压力未降到49.04千帕时，切勿打开放气阀，否则锅内突然减压，培养基和其他液体会从容器内喷出，沾湿棉塞，使用时容易污染杂菌；二是压力表指针未降到零时，决不能打开锅盖，以免锅内物品喷出伤人。

2. 常压蒸汽灭菌法

常压蒸汽灭菌（图12-5），是在常压下进行的湿热灭菌，因设备投资小，农村小型菌种厂多采用此法。常压蒸汽灭菌，在温度达到100℃以后，维持8～10小时，方可达到灭菌要求。装有培养料的瓶（袋）入锅时，要直立排放，瓶（袋）之间留有适当空隙，利于湿热蒸汽流通和穿透进入料内，提高灭菌效果。装锅后，将锅盖盖严实，不漏气，并立即点火升温。灭菌时，要掌握火候，起始用旺火，使锅内温度迅速升到100℃，以防微生物大量繁殖，使培养料变酸；然后要保持温度稳定，火力均匀，不能忽高忽低，影响灭菌效果；达到灭菌时间后，待锅内温度降下来，才可打开蒸锅，趁热取出灭菌物品。灭菌时，当灭菌锅内水不足，必须及时加入热水，切忌加入冷水。

图12-5　常压蒸汽灭菌

3. 常压间歇灭菌法

常压间歇灭菌就是在常压锅内间断性消毒几次达到灭菌的目的。常压灭菌由于没有压力，水蒸汽的温度不会超过100℃，只能杀灭微生物的营养体，不能杀死芽孢和孢子。采用间歇灭菌的方法，在蒸锅内将培养基于100℃条件下蒸3次，每次2小时。第一次蒸后放在25～30℃下培养24小时，使未杀死的芽孢萌发为营养细胞，以便在第二次蒸时杀死。第二次蒸后同样培养24小时，使未杀死的芽孢萌发，再蒸第三次，经过3次蒸煮即可达到彻底灭菌的目的。间歇灭菌比常压连续灭菌的效果好，但比较费事。

4. 紫外线灭菌

紫外线是一种短波光，具有杀菌作用（图12–6）。紫外线灯是一种常用的灭菌工具，有多种型号，用于菌种诱变的多为15瓦低功率的紫外线灯。

紫外线杀菌的机制有两种：一是短波辐射的直接作用，微生物细胞吸收一定量的紫外线后，蛋白质和核酸发生变化而导致死亡；二是辐射能使空气中的一部分氧原子电离成离子氧，再将另一部分氧原子氧化成臭氧，或将水氧化成过氧化氢。离子氧、臭氧及过氧化氢均有杀菌作用。不同的微生物对不同波长紫外线的敏感度不同，所以杀死不同微生物需要的紫外线照射量也不同。一般革兰阴性无芽孢杆菌最易被紫外线杀死，而杀死革兰阳性葡萄球菌和链球菌需加大照射量5～10倍。

图12–6　紫外线杀菌

由于紫外线穿透力弱且不能透过普通玻璃，一般常用于室内空气和物体表面灭菌。普通接种室装30瓦紫外线灯1只，每次开20～30分钟可以达到灭菌效果。紫外线对眼黏膜及视神经有损伤作用，应避免在紫外线照射下工作，不要用眼直视灯管。

二、消毒

消毒只能杀灭和清除部分微生物，不能杀死细菌的芽孢和霉菌的孢子等，所以叫部分灭菌。

（一）制种常用的消毒剂

1. 甲醛溶液

曾用名福尔马林，一般使用的甲醛为40%的水溶液，有强烈的刺激臭味，能使微生物的蛋白质变性，对细菌和病毒具有强烈的杀伤作用。它常用于熏蒸接种室、接种箱和培养室。每立方米空间用量为8～10毫升。用法是将甲醛溶液放入一容器内，加热使甲醛气体挥发；或用2份甲醛溶液加1份高锰酸钾混合在一起，利用其产生的热量而挥发。甲醛气体对人的皮肤和黏膜组织有刺激损害作用，操作后应迅速离开消毒现场。熏蒸后，若气味过浓影响操作时，可在室内喷洒少量浓氨水，以除去甲醛余气。

2. 硫黄

硫黄呈淡黄色结晶或粉末，易燃，燃烧发出蓝色光，产生二氧化硫，对杂菌有较强的杀伤能力。若增加空气湿度，二氧化硫和水结合为亚硫酸，能显著增强杀菌效果，常用于熏蒸接种室、培养室，每立方米空间用15克左右为宜。

3. 高锰酸钾

高锰酸钾俗称灰锰氧，紫色针状结晶，可溶于水，是一种强氧化剂。0.1%的高锰酸钾溶液就有杀菌作用，常用于器具表面消毒。它可使微生物的蛋白质和氨基酸氧化，从而抑制微生物的生长，达到灭菌的目的。溶液配制后不宜久放，应随配随用。另外，高锰酸钾常用来与甲醛混合，产生甲醛气体熏蒸消毒接种箱（室）。

4. 乙醇

乙醇俗称酒精，能使细菌蛋白质脱水变性，致使细菌死亡。75%乙醇的杀菌作用最强。适用于皮肤、器皿或子实体表面消毒，可使微生物蛋白质凝固，破坏细胞。由于乙醇易燃，易挥发，应密封保存。

5. 甲酚皂溶液

甲酚皂溶液俗称来苏儿，含50%甲酚。用50%甲酚40毫升，加水960毫升，配成2%甲酚皂溶液，可用于手的消毒（浸泡2分钟即可）和接种室、培养室的消毒。

6. 漂白粉

漂白粉是次氯酸钙、氯化钙和氢氧化钙的混合物，呈灰白色粉末或颗粒状，有氯气臭味，易溶于水，在水中分解成次亚氯酸，渗入菌体内，使蛋白质变性，导致微生物死亡。漂白粉对细菌的细胞、芽孢、病毒、酵母及霉菌等均有杀灭作用。可配成2%～3%的水溶液，洗刷接种室的墙壁及培养架、用具。漂白粉溶液杀菌持续时间短，应随用随配。

7. 新洁尔灭

新洁尔灭是一种具有消毒作用的表面活性剂，使用浓度为0.25%溶液（用5%新洁尔灭50毫升，加水950毫升），常用于器具和皮肤消毒，亦可用于接种箱（室）、培养室内喷雾消毒。对人、畜毒性较小。因不宜久存，故应随配随用。

8. 过氧乙酸

过氧乙酸又名过氧醋酸，具有酸和氧化剂的特点，通过破坏微生物的蛋白质基础分子结构而杀灭菌体。过氧乙酸的气体和溶液都有很强的杀菌作用。0.2%浓度用于浸泡或涂擦消毒，2%浓度用于喷洒消毒。

9. 石灰

石灰分为生石灰和熟石灰两种。生石灰为氧化钙，白色固体。生石灰与水化合即成熟石灰，熟石灰为微溶于水的白色固体。两种石灰均为碱性物质，可提高培养料或环境的pH值，从而抑制大多数酵母菌和霉菌的生长繁殖而达到消毒目的。使用时可直接撒布，亦可配成3%～5%的溶液喷洒环境。或按1%的比例加入栽培料中，可减少杂菌发生。为保证消毒效果，最好采用新制石灰。

（二）接种箱（室）消毒

接种箱（室）在制种过程中，要求处于无菌状态，必须进行严格消毒灭菌。

1. 熏蒸法

常用甲醛溶液熏蒸，每立方米的空间用甲醛溶液8～10毫升，高锰酸钾4～5克，两者混合后密封熏蒸。也可用硫黄熏蒸，每立方米空间用硫黄15～20克，用纸包裹，点燃后产生二氧化硫杀菌。但应先在箱（室）内喷洒些水，提高空气湿度，增强杀菌力。

2. 喷雾法

每次接种前，用2%～3%甲酚皂溶液喷雾，使空间布满雾滴，促使空气中的微尘粒杂菌沉降，防止地面上灰尘飞扬，达到杀菌作用。

3. 紫外线照射法

每次接种前，将各种器具、培养基等移入箱（室）内，然后打开紫外线灯照射30分钟。照射时，操作人员要离开室内，以免对人体产生辐射危害。

（三）接种箱（室）灭菌效果检查

消毒灭菌后，常用平板检查法检验接种箱（室）是否达到无菌状态。方法是在接种箱（室）内，放入马铃薯葡萄糖琼脂培养基和肉汤琼脂培养基平板各2个，将每种培养基平板中的一个开盖5分钟后再盖好，另一个不开盖为对照。然后放30℃恒温箱内，培养48小时，检查开过盖的培养基上是否长有菌落，并计算出菌落数量。菌落不超过3个为合格。如果不合格，应根据杂菌种类，采取相应的措施。

（四）培养室消毒

培养室是培养菌种的场所，在使用前须打扫干净并进行消毒，以减少菌种在培养期间的杂菌污染。每平方米培养室一般用甲醛溶液5毫升或用硫黄15克熏蒸，消毒后封闭24小时再使用。

第三节　培养基的类型及其配制原则和方法

食用菌属于异养型生物，必须由外界提供所需的养分，才能生存和生长。培养基就是用人工方法，配制各种基质，供给食用菌生长繁殖所需的营养物质。制作食用菌菌种和栽培食用菌，都必须制备相应的培养基。

一、培养基的类型

食用菌菌种的繁育，通常采用三级生产，即母种培育、原种培育和栽培种培育。因此，食用菌制种用的培养基，也分为三种类型，即母种培养基、原种培养基和栽培种培养基。

（一）母种培养基

母种培养基，即一级种培养基，是分离母种或试管种扩大繁殖用的培养基。常把培养基装在试管内，做成斜面，因此也叫斜面培养基。常用的试管是18毫米×180毫米或20毫米×200毫米。

（二）原种培养基

原种培养基，即二级种培养基。常用的容器是750毫升容积的菌种瓶（或罐头瓶），瓶口直径4厘米左右，也有用12厘米×25厘米的聚丙烯塑料袋的。

（三）栽培种培养基

栽培种培养基，即三级种培养基，是供给食用菌栽培用的培养基。常用的容器是750毫升容积的菌种瓶（或罐头瓶），也有用17厘米×35厘米的聚丙烯塑料袋的。

二、培养基的配制原则

（一）营养物质适宜

制备培养基先应根据培养目的，选择适宜的营养物质。食用菌菌种制备过程中，各个阶段的目的要求不同，所选用的培养基的营养成分也有所区别。一般母种菌丝较嫩弱，分解养分能力差，要求营养丰富、齐全，氮素和维生素的含量应高，需选用易于被菌丝吸收利用的物质，如葡萄糖、蔗糖、马铃薯、酵母膏、蛋白胨、无机盐及生长素等作原料。而原种和栽培种所需培养基数量较多，且菌丝分解养分能力强，可利用大量富含纤维素的稻草、麦秸、棉籽壳、麸皮、米糠、麦粒、玉米粒等作为培养基原料。

（二）养分配比合理

培养基中各种营养物质的比例是影响食用菌菌丝生长发育的重要因素，培养基中碳和氮要配成适当的比例。培养基中碳源供应不足，容易引起菌丝过早衰老和自溶；氮源过多或过少，会分别引起菌丝生长过旺或生长缓慢，均不利于菌丝正常生长。

（三）适宜的酸碱度

培养基应保持食用菌菌丝生长发育所需要的酸碱度，即pH值。各种食用菌所需的pH值不同，如草菇喜碱性，pH值为7.5～9.0；猴头菇喜酸性，pH值为3.0～5.0。所以在配制培养基时，需用氢氧化钠、石灰或盐酸、过磷酸钙等调节pH值。在食用菌生长过程中随着代谢产物的积累，往往会造成pH值下降。为此，在配制培养基时，应将pH值适当调高1.0～2.0。

（四）原料经济实用

大批量制作菌种，应选用质好价廉的原料制作培养基，以降低生产成本。

制作食用菌原种、栽培种时，因原料用量较大，应就地取材。一般选用价格低廉的棉籽壳、木屑、稻草、麸皮等原料。

三、母种培养基的配制

（一）常用原料

1. 马铃薯

马铃薯又称土豆、洋芋，富含多种营养物质，一般含有20%的淀粉，2%～3%的蛋白质，0.2%的脂肪，还有多种无机盐、维生素及活性物质。用其煮汁是配制母种培养基的常用原料。

2. 葡萄糖

葡萄糖是易被吸收利用的一种单糖，是培养基中最常用的碳源。呈白色或无色结晶粉末，无臭，甜度约为蔗糖的70%，易溶于水。

3. 蔗糖

蔗糖即食糖的主要成分，可替代葡萄糖作为培养基的碳源。蔗糖经分解后，可成为菌丝易于吸收的单糖——葡萄糖和果糖。蔗糖纯品为白色晶体，有甜味，无气味，易溶于水。市售的白糖、砂糖、红糖的主要成分都是蔗糖。配制母种培养基应选用白糖，以保持培养基为浅色，易于观察。

4. 磷酸二氢钾

磷酸二氢钾是白色细粒状晶体，含有磷、钾元素。磷是核酸组成和能量代谢中的重要成分，缺磷时，碳和氮都不能很好地被菌丝利用。钾在菌丝细胞组成、营养物质吸收和呼吸代谢中都十分重要。磷酸二氢钾还是一种缓冲剂，使培养基酸碱度保持稳定状态。

5. 硫酸镁

硫酸镁为颗粒状晶体或粉末，无色或白色，有苦咸味，溶于水，主要供给镁元素和硫元素。可延缓菌丝体的衰老，促进酶系的活化，加速各种酶对纤维素、半纤维素和木质素等大分子物质的降解。

6. 蛋白胨

蛋白胨是蛋白质经酸、碱或蛋白酶不完全水解的产物。其组成和结构较蛋白质简单，比氨基酸复杂，可溶于水，是配制母种培养基常用的氮源。

7. 酵母膏

酵母膏是啤酒酵母或面包酵母的浸汁经低温干燥而成的，富含氨基酸、维生素和无机盐类，是一种营养添加剂。

8. 维生素B_1

维生素B_1亦称硫胺素，是菌丝生长的必需因子，但需用量很少，在天然培养基中含量丰富，一般不必另外添加。合成培养基1 000毫升中加入1~5毫克即可。

9. 琼脂

琼脂又叫洋菜、冻粉。是从红藻中提取得到的一种多糖，为透明或无色至浅褐色固体，无臭，不溶于冷水，溶于热水成黏稠液。其含氮量低，性能稳定，不会被一般微生物分解利用。琼脂凝固点高，在96℃以上融化，呈液体状态，45℃以下凝固成固态，并能反复凝固、融化，是一种优良凝固剂。培养基中加入一定量的琼脂，就能形成固体透明斜面或平板，便于观察菌种生长情况和识别杂菌。

（二）母种培养基配方

培育食用菌母种，常用下列培养基。

1. 马铃薯琼脂培养基（PDA培养基）

马铃薯（去皮）200克，葡萄糖（或蔗糖）20克，琼脂20克，水1 000毫升。

2. 马铃薯琼脂综合培养基

马铃薯（去皮）200克，葡萄糖20克，磷酸二氢钾3克，硫酸镁1.5克，维生素B_1 10~20毫克，琼脂20克，水1 000毫升。

3. 葡萄糖蛋白胨琼脂培养基

葡萄糖20克，蛋白胨20克，琼脂20克，水1 000毫升。

4. 蛋白胨酵母葡萄糖琼脂培养基

蛋白胨2克，酵母膏2克，硫酸镁0.5克，磷酸二氢钾0.5克，磷酸氢二钾1克，葡萄糖20克，维生素B_1 20毫克，琼脂20克，水1 000毫升。

（三）母种培养基制作

母种培养基的制作（图12–7），按照以下操作步骤进行。

1. 计算

选好培养基配方，按需用培养基的数量计算好各种原料的用量。

2. 称量

准确称量配制培养基的各种原料。

3. 配料

先制取马铃薯煮汁。马铃薯洗净、去皮，切成薄片（切后立即放水中，否则马铃薯易氧化变黑）。取马铃薯片200克放在铝锅中，加水1 000毫升，加热煮沸15～30分钟，至薯片酥而不烂为止。用四层纱布过滤，取其滤液，加水补足1 000毫升，此即为马铃薯煮汁。然后在煮汁中加入琼脂，并加热，不断用玻璃棒搅拌至琼脂全部液化。再加入葡萄糖（或蔗糖）和其他原料，边煮边搅拌，直至溶化。注意防止烧焦或溢出。烧焦的培养基营养物质被破坏，而且容易产生一些有害物质，不宜使用。

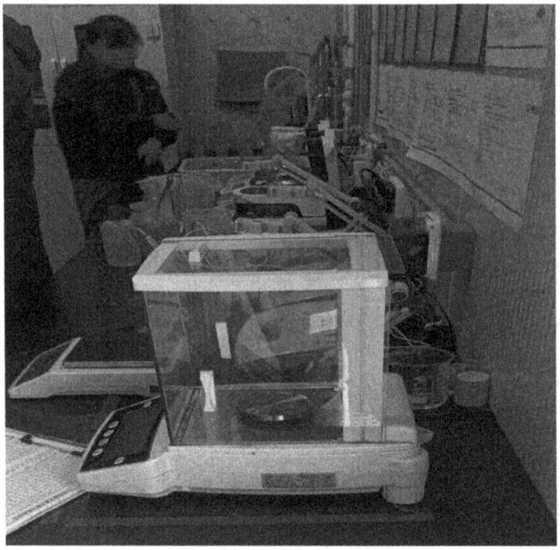

图12-7　母种制备

配制合成培养基时，不同成分最好按一定顺序加入，以免沉淀，造成营养的损失。一般是先加入缓冲化合物，溶解后加入主要成分，然后是微量元素和维生素等。最好是每种营养成分溶解后，再加入第二种营养成分。如果各种成分均不会生成沉淀，也可一起加入。

4. 调整酸碱度

一般用10%盐酸和10%氢氧化钠调整pH值，使它达到最适宜值。调整时要几滴几滴地加碱或加酸，不要调得过碱或过酸，以避免某些营养成分被破坏。

5. 分装

培养基配好后，趁热将其分装入试管内。装量最好不要超过管长的五分之一。装管时勿使试管口沾上培养基，若沾上需用纱布擦去，以防杂菌在管口生长。

6. 塞棉塞

分装后，管口塞好棉塞。做棉塞要用普通棉花，不要用脱脂棉，因为脱脂棉易吸水，灭菌时棉塞易受潮而导致杂菌生长。

棉塞塞入管内的部分约为棉塞总长的三分之二，而管外部分不短于1厘米，以便于无菌操作时用手拔取。塞入试管的棉塞要大小均匀，松紧适度，与管壁紧密衔接。

塞好棉塞后，每10支试管用绳子扎成一捆。试管棉塞部分用牛皮纸包好，以避免在灭菌过程中冷凝水淋湿棉塞，并可防止接种前培养基水分散失或污染杂菌。

7. 灭菌与摆斜面

试管包扎好后，放入铁丝筐中，竖直放入高压蒸汽灭菌锅内灭菌。在107.87千帕压力下灭菌30分钟。灭菌时间不宜过长，否则易破坏培养基中的有效成分，增加酸度，凝固不良。灭菌后取出，待培养基温度下降至60℃时再摆成斜面，以防冷凝水在管内积聚过多。摆斜面时，桌上放一木棒，将试管倾斜逐支摆放，斜面长度为试管总长度的二分之一至三分之二，冷却凝固后即成斜面培养基。

8. 无菌检查

制成的斜面培养基要进行无菌检查。抽出几支斜面培养基，放到30℃左右的恒温箱中，培养2～3天，若无杂菌生长，便可使用，否则不能供接种用。

四、原种培养基配制

（一）原种培养基常用原料

1. 木屑

木屑是木材加工厂的下脚料，也可用间伐的树木枝桠、树梢，切片、粉碎成米糠状木屑。宜选用柞、柳、榆、杨、槐、桑、桦、枫、悬铃木等阔叶树种的木屑。含有松脂、精油、醇、醚等杀菌物质的松、柏、杉等针叶树木屑不宜使用。

2. 稻草

稻草含有大量粗纤维。选用新鲜、干燥、清洁、无霉烂的稻草，多年的陈稻草不宜用作培养料。

3. 棉籽壳

棉籽壳又叫棉籽皮。含多缩戊糖22%~25%，纤维素37%~48%，木质素29%~32%，粗蛋白质3%~5%，营养丰富，质地蓬松，通气性能好。要选用无霉烂、无结块、未被雨淋的新鲜棉籽壳，用前最好在阳光下摊开暴晒1~2天。

4. 小麦

取颗粒饱满、完整、未破皮的小麦籽粒，并除去瘪粒、杂质。

5. 米糠

米糠即大米加工中的下脚料，不含谷壳。含有较丰富的养分，既是氮源，又是碳源。米糠还含有大量的生长因子（硫胺素）和烟酸。米糠要用细糠，三七统糠和二八统糠不适合于作培养基。陈旧米糠中维生素受到破坏，且极易产生螨害，不宜使用。

6. 麸皮

又叫麦麸、麦皮，即小麦加工中的下脚料。富含蛋白质、脂肪、粗纤维及钙、磷、B族维生素等，要求新鲜、无霉变和无虫蛀。

7. 碳酸钙

可中和培养料酸度，起到稳定培养料pH值的作用。要求细度均匀，不结块。

8. 石膏

石膏的主要化学成分为硫酸钙。其钙离子可与培养料有机颗粒发生化学反应，产生絮凝作用，有助于培养料的脱脂，增加氧气和水的吸收，使培养料的物理性状得到改善。石膏可调节培养料的酸度，也能起到补钙作用。石膏分为生石膏、熟石膏，后者是前者煅烧而成的，两者均可使用。石膏必须粉碎后才能使用，要求细度均匀，一般以90~100目为宜，以色白、不结块的为好。

9. 石灰

石灰分为生石灰（氧化钙）和熟石灰（氢氧化钙）两种，一般多用熟石灰，作为碱性物质，提高培养料的pH值。

（二）原种培养基配方

培养食用菌原种的培养基配方，生产上常用的有以下几种。

1. 木屑、麸皮培养基

木屑78%，麸皮或米糠20%，糖1%，石膏1%。

2. 棉籽壳、麸皮培养基

棉籽壳78%，麸皮或米糠20%，糖1%，石膏1%。

3. 稻草培养基

稻草80%，麸皮19%，石灰粉1%。

4. 麦粒培养基

小麦98%，碳酸钙0.5%，石膏1.5%。

5. 粪草培养基

粪草90%，麸皮或米糠8%，糖1%，碳酸钙或石膏粉1%。

（三）原种培养基制作

1. 准确称重

按培养基配方的要求比例，分别称取原料。

2. 原料预处理

不同原料按不同方法进行预处理。

（1）稻草

将其切成3厘米长的段，在水中浸泡12小时后捞出。

（2）小麦

选择无破损的麦粒，用水冲洗2～3次，浸泡水中，使其充分吸水。气温低时浸泡24小时，气温高时浸泡12小时，要求无白心。将麦粒捞起，用清水冲洗，沥干后放入铝锅中煮熟（以不烂为宜）。不能使麦粒“开花”，否则易感染细菌。捞出后，用清水冷却至常温，放在竹筛或铁丝网上，控去多余的水分，于通风处晾干。

（3）粪草

将50%干牛粪、马粪或猪粪，50%干稻草或麦秸，另加1%的石膏，混合进行堆制发酵，翻堆3次，经15～20天发酵，然后挑出半腐熟的稻草或麦秸，抖掉粪块，切成2～3厘米长，晒干，备用。

3. 拌料

将培养料放入盆内，混合，加水拌均匀，不能有干料块。培养料含水量一般掌握在65%左右，以用手紧握料，指缝间有渗水但不滴水为度。麦粒培养基，将预处理晾干的麦粒，拌入定量碳酸钙和石膏，以含水量60%左右为宜。培养基偏湿，易出现菌被，甚至会引起瓶底局部麦粒的胀破，甚至“糊化”，影响菌丝蔓延；培养基偏干，菌丝生长稀疏，缓慢。

4. 装瓶

装瓶前必须把空瓶洗刷干净，并倒尽瓶内剩水。拌料后要迅速装瓶（图12-8），料堆放置时间过长，易酸败。装料时，先装入瓶高的三分之二，用手握住瓶颈，将瓶底在料堆上轻轻敲打几下，使培养料沉实下去。然后，继续装到瓶颈，用手指伸入瓶口，把培养料压至瓶肩处，做到上部平实，瓶底、瓶中部稍松，以利于通气发菌。培养料装完后，用直径1.5厘米的圆锥形捣木，钻1个圆洞，直达瓶底部，以利于菌丝生长繁殖。然后，将瓶子垂直倒立在清水中蘸一下，洗去内外壁上粘着的培养料。擦洗瓶口后，瓶口塞上棉塞，包上防潮纸或牛皮纸。棉塞要求干燥，松紧和长度合适，一般长4～5厘米，三分之二在瓶口内，三分之一露在瓶口外，内不触料，外不开花，用手提棉塞瓶身不下掉。这样透气性好，菌种块也不会直接接触棉塞受潮，感染杂菌。麦粒培养基装至瓶高的五分之三，将瓶身稍振动几下，然后用干布将瓶口内壁擦干净。装料封口的培养料瓶，应及时进行消毒灭菌，以控制灭菌前料内微生物的繁殖生长，防止料变质。

图12-8　装瓶

（四）灭菌

灭菌即杀死混在培养料中的杂菌，是控制污染、取得制种成功的关键措施之一。灭菌一般采用高压蒸汽灭菌（图12-9）和常压蒸汽灭菌两种方法，具体操作可参考本章第二节有关内容。若使用麦粒培养基，灭菌时间要适当延长，高压灭菌147.1千帕须保持2～2.5小时，常压灭菌100℃保持10小时。灭菌结束后，尽快用干麻袋覆盖菌种瓶堆，防止过多冷凝水析出，引起部分麦粒吸水膨胀，导致污染。

图12-9　高压灭菌锅可实现高压蒸汽灭菌

五、栽培种培养基配制

（一）栽培种培养基的原料和配方

将原种转接到同一培养基上进行扩大培养，即为栽培种。所以栽培种培养基的原料和配方与原种培养基相仿。除上述原种培养基可兼作栽培种培养基外，还有下列常用的栽培种培养基。

1. 棉籽壳培养基

棉籽壳88%，碳酸钙2%，麸皮或米糠10%。含水量60%～70%。此培养基适合于木腐食用菌和草菇的制种。

2. 甘蔗渣培养基

甘蔗渣79%，麸皮或米糠20%，碳酸钙1%。含水量60%～65%。此培养基适合于某些木腐食用菌，如毛木耳、金针菇、猴头菌、平菇的制种。

3. 种木培养基

种木10千克，麸皮或米糠2千克，糖0.4千克，碳酸钙0.2千克。种木的制备：种木因形状不同分为楔形、棒形、木片和枝条等。先把木材锯成薄板，在斜面上把薄板锯成横切面呈三角形的木条，再锯成1.2～1.5厘米长的三角木，即为楔形种木。把原木横锯成1.5厘米的厚木板，然后用直径0.8～1.2厘米的皮带冲孔器打出圆柱木块，或将小枝条剪成长为1.5厘米的小段，即为柱形种木。把木材锯成宽2厘米、厚0.5厘米、长10厘米的长形薄板，即为木片种木。一般用作香菇、木耳的种木，选用阔叶树种，如枫、栎木材制作。木片种木用松木锯成，适用于培养茯苓的菌种。

（二）栽培种培养基制作

栽培种培养基制作方法与原种制作方法相同。

目前，多采用塑料薄膜袋培养栽培种。塑料袋装量多，价格便宜，易于运输，使用也方便。用普通蒸锅常压灭菌，可选用0.035～0.04毫米厚的聚乙烯塑料袋；用高压锅灭菌，必须用0.05毫米厚的聚丙烯塑料袋。聚丙烯塑料袋耐高温高压，高压灭菌时不会变形。袋一般是宽17厘米、长35厘米。袋内装料至三分之二处，压平实，用圆锥形捣木在中间捣1个通气孔（图12-10）。在袋口外面套加直径3.5厘米、高3厘米的硬塑料环，并将塑料袋口外翻，形成和瓶口一样的袋口。袋口塞上棉塞，包上防潮纸。塑料袋在高压锅内灭菌时，应掌握缓升压和自然降压的方法，防止温度和压力骤升骤降，造成塑料袋变形破损。

图12-10　培养料装袋

种木培养基制种时，把木块浸于1%糖液中，煮沸30分钟，捞出沥干后，与麸皮或米糠、碳酸钙拌匀，即可装瓶。装瓶后，表面再盖上一薄层木屑培养基。

第四节　接种与培养

一、接种技术

接种是食用菌制种工作中一项最基本的操作。接种的关键是无菌操作，操作不慎，污染杂菌，就会导致失败甚至菌种丢失。食用菌接种的方法很多，现将常用的接种方法介绍如下。

（一）母种接种

母种接种就是将母种移接至试管培养基的过程，亦称为转管，或斜面接种。

1. 接种前的准备

接种前必须对接种室或接种箱进行消毒，以保证在无菌条件下，进行严格的无菌操作，同时准备好接种工具。

2. 接种步骤

① 用75%的乙醇棉球涂擦操作人员双手和菌种试管外壁，进行表面消毒后，才可在接种室（箱）内开始接种。

② 点燃酒精灯，使火焰周围的空间成为无菌区，接种操作在火焰旁进行，避免杂菌污染。

③ 将母种和斜面培养基的两支试管用拇指和其他四指握在左手中，使中指位于两试管之间。斜面向上，并使它们位于水平位置。

④ 先用右手将棉塞拧转松动，以便接种时拔出。

⑤ 右手拿接种钩，拿的方法和握笔一样，在火焰上将接种钩烧红灭菌。

⑥ 用右手小指、无名指、中指同时拔掉两个试管的棉塞，并用手指夹紧，不得乱放。

⑦ 用火焰烧灼管口，烧灼时应不断转动试管口（靠手腕动作），以杀灭试管口可能沾染的杂菌。

⑧ 将烧灼过的接种钩伸入母种试管内，停留片刻让其冷却，以免烫伤菌丝。然后，轻轻挑取少许菌丝，迅速将接种钩抽出试管。注意不要使接种钩碰

到管壁。

⑨ 迅速将接种钩伸进另一支斜面培养基试管，将挑取的菌丝放在斜面培养基的中央。注意不要把培养基划破，也不要使菌种沾在管壁上。

⑩ 抽出接种钩，将钩在火焰上重新烧灼灭菌。放下接种钩后，烧灼管口，并在火焰旁将棉塞塞上。塞棉塞时，不要用试管去迎接棉塞，以免试管在移动时进入不洁空气。

⑪ 在接菌种的斜面试管上，贴上标签，注明菌名、接种日期等。

一般1支母种试管可转接30～40支试管。接种完毕，用纸包扎试管上部，10支1捆，放入培养箱内培养。

（二）原种接种

原种接种就是试管菌种接入原种培养基的过程。原种接种必须在接种室或接种箱内进行。

① 原种培养基从灭菌锅中取出，置于干净的室内冷却，冷却后搬入接种室（箱）内消毒。

② 用0.25%新洁尔灭消毒液在接种室（箱）内喷洒，后用甲醛加上高锰酸钾进行密闭熏蒸半小时，有条件的单位在接种前再用紫外线灯照射灭菌。

③ 接种时，操作人员的手需用75%乙醇涂擦消毒。接种用的母种试管和原种料瓶外表面先用75%乙醇棉擦拭消毒，管口、瓶口都要在酒精灯火焰上过火消毒。

④ 接种铲在酒精灯火焰上灼烧消毒，在火焰旁拔出试管和原种料瓶棉塞，接种铲冷却后，伸入母种试管内，切取一块长有菌丝体的培养基块，迅速放入原种培养料中央洞口，塞好棉塞，用牛皮纸包扎。瓶上贴上标签，标明菌种名称及接种日期等。一般1支试管母种可接3～4瓶原种。灭菌的原种培养基不宜久放，最迟在第2天必须接种完。

接种过程始终要在酒精灯火焰附近区域进行，封瓶口要在火焰上灼烧，动作要迅速熟练。最好是2人配合操作，1人掏取菌种，1人拔出和塞好棉塞，可提高接种效率。

（三）栽培种接种

栽培种接种就是把原种接入栽培种培养料的过程（图12–11）。

原种接入栽培种培养料时，用长柄镊子或接种铲挖取蚕豆大小的1块原种，放入塑料袋培养料中央的洞口。也可用镊子先将瓶内原种弄碎，然后瓶口对着袋口倒入弄碎的原种，使菌种撒在料面上，塞上棉塞，将塑料袋口包扎好。一般1瓶原种可接30袋栽培种。如果原种充足，可适当加大接种量，这样菌丝蔓延快，培养时间可相应缩短。栽培种接种过程也要按照无菌操作的要求，在接种箱（室）内进行，瓶口要在火焰上方灼烧消毒。

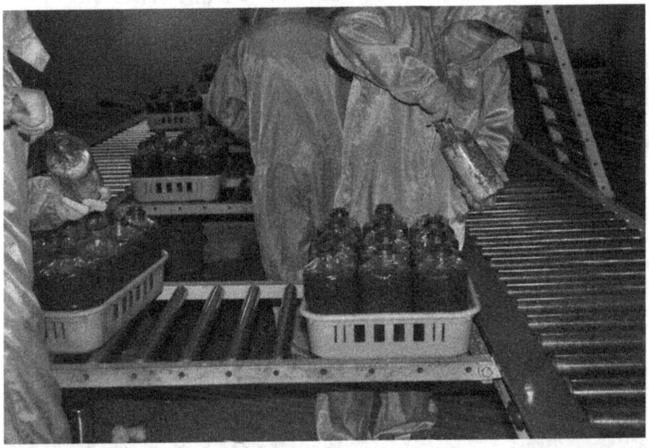

图12-11 接种栽培种

二、培养技术

（一）母种培养

母种菌丝分移接入新的培养基后，应放置在培养室或恒温箱中培养，温度控制在23～25℃；每天检查有无杂菌感染，发现杂菌要及时淘汰，经5～7天待菌丝长满整个斜面后，即可用于接种原种。

（二）原种培养

接种后的原种菌瓶，放入培养室内培养。培养室温度一般控制在25℃左右，草菇原种应放在30℃左右，空气相对湿度不要超过75%的培养室。每天定期检查，发现有杂菌感染的瓶子要及时拣出清理。定期倒换菌种瓶的位置，使菌丝均匀生长。培养室切忌阳光直射，但也不要完全黑暗，注意通风换气，室内保持清洁。刚接种的菌瓶，瓶口向上直立放在架上，待菌丝吃料后可卧放重叠，但不要堆叠过高，瓶间要有空隙，以防温度过高造成菌丝衰老，生活力降低。在条件适宜情况下，原种培养30～35天，菌丝长满培养料瓶，即可扩大培养用于接种栽培种。

（三）栽培种培养

接种后的菌袋直立放置在培养架上，不要卧倒叠放（图12–12），否则菌种块落在袋壁，影响发菌。通常在25℃左右条件下培养，草菇在30℃左右温度下培养，经25～30天，菌丝长满料袋，即可供栽培使用。

图12–12　栽培种培养

第五节　液体菌种的制作方法

液体菌种是相对固体菌种而言的，工厂化生产中一般将菌丝体生长所需营养物质溶解在水中作为液体培养基加入发酵罐，灭菌冷却后向发酵罐中接入摇瓶种，培养过程中要通入无菌空气并加以搅拌，经过7～10天，发酵罐中即出现大量高活性的菌丝球，确认无污染后即可将该罐中的菌种用于接种生产菌包。

液体菌种的优点：一是生产快速，制备液体菌种只要3～5天；二是菌龄一致；三是接种方便；四是有利于工业化生产。

尽管液体菌种优点很多，但设备投资较大，不便于保藏和运输，且必须具备相应的技术条件。只有有条件的情况下才可以进行液体菌种生产应用。

一、液体培养基制备

不同的食用菌所需要的温度、溶氧量、酸碱度、营养需求各不相同，需根据不同品种选择最佳工艺参数。

（一）培养基配方

① 葡萄糖3%，豆饼粉2%，玉米粉1%，酵母粉0.5%，磷酸二氢钾0.1%，碳酸钙0.29%，硫酸镁0.05%，加水至100%。

② 马铃薯20%，蛋白胨0.2%，葡萄糖2%，硫酸镁0.05%，磷酸二氢钾0.05%，氯化钠0.01%，加水至100%。

（二）配制方法

先将配方中的原料分别加水溶化，马铃薯按常规方法制备取其滤液，然后再混溶在一起，并加水补足至所需量，搅拌均匀即可。

各原材料要求新鲜，没有霉变。配制时，马铃薯要去皮，切成小块。像马铃薯、豆饼粉等材料，要先用一定比例的水煮沸10分钟，然后进行过滤，滤液与其他配料混合后补足水量。大部分食用菌的发酵过程中，pH值会随着发酵进程而降低，进而导致菌丝体停止生长并产生自溶现象，所以发酵培养基的pH值一般控制在5.0～6.5之间。

二、液体菌种培养工艺

（一）液体菌种的培养

量少时可用摇瓶机振荡培养；量大时可用发酵罐通气培养，即深层培养。摇瓶机培养规模小，设备简单，投资小，技术相对简单，适合于小规模生产使用。

1. 摇瓶种培养

（1）主要设备有摇瓶机和三角瓶（图12-13）。

① 摇瓶机　摇瓶机有往复式和旋转式两种。往复式摇瓶机结构简单，使用和维修较方便，每分钟振动80～120次，往复的距离视偏心轮（或曲轴）而定，一般在8～12厘米。

② 三角瓶　三角瓶的培养液装量规格为300毫升的瓶装50毫升，500毫升的瓶装100毫升，750毫升的瓶装200毫升。

图12-13　摇瓶机与三角瓶

（2）培养方法

将配好的培养液分装于三角瓶中，加入10～15粒小玻璃珠或直径0.8厘米以下的玻璃碎片，塞好棉塞，将瓶口和棉塞用牛皮纸包扎好，置于高压灭菌锅中，在147.1千帕压力下，灭菌30分钟。冷却后，按无菌操作每瓶接入2厘米^{2}斜面母种1块，使菌丝一面向上悬浮于液面，在22～25℃下静置培养2～3天。当菌丝延伸到培养液时，置往复式摇瓶机上进行振荡培养，振荡频率为每分钟80～100次，振幅（冲程）为6～10厘米。温度控制在22～25℃，培养3～4天。当培养液呈浅黄色、清澈透明，有许多菌丝小球，并有菇香味时，说明摇瓶种制备成功（图12-14）即可使用。若培养液浑浊，有酸臭味，则表明已被杂菌污染，不可使用。

2. 发酵罐接种培养

发酵罐接种培养要使用专用的液体菌种发酵罐（图12-15）。培养基装罐之前要先将发酵罐清洗干净，并检查罐体连接管路、各个管口、过滤器等是否正常，有无漏水漏气。培养基装入罐中量要适当，随后拧紧罐口进行高压灭菌。冷却后的发酵罐要使用专用FFU高效过滤器净化1小时，向发酵罐通入无菌氧气调节压力保持在0.03兆帕进行接种。接种时，将封口火圈点燃，在火焰中打开进料口将合格的摇瓶种倒入罐内后迅速封罐。

培养期间发酵罐温度控制在24℃，压力控制在0.02～0.05兆帕，搅拌速度为每分钟150～180转，通气量为每分钟每1 000升的罐中通入1～5米^{3}的过滤空气。

图12-14　摇瓶种

图12-15　液体菌种发酵罐

培养期间每隔2天进行一次取样检查，培养5～7天后，菌丝浓度及活力达到峰值时，再次取样检查，确认无污染后即可用于生产接种。优质的液体菌种其培养液内菌丝球直径1毫米左右且分布均匀，菌球和菌丝总量占菌液的80%以上，菌液清澈透明。

液体菌种使用前需要根据感官、理化指标严格检测，只有检测合格的菌种才能用于后续扩繁。

（二）接种菌包发菌

液体菌种生产结束后，经检测合格就可以进行菌包接种了。接种要在液体菌种接种室进行（图12-16），并在接种前24小时，对接种室使用84消毒液进行消毒处理；接种前8小时打开臭氧机灭菌，具体灭菌时间由接种室大小决定，一般需灭菌1～2小时；接种前1小时将空气净化系统开启，达到通风换气目的。接种前先将接种枪、连接管道等进行高压灭菌20分钟，接种时用液体菌种自动化接种机进行接种，每个菌袋接种量为20毫升左右。常用的接种方法有料面接种法（料表面喷淋，封面早，杂菌污染的概率小）、枪头插入式接种法（菌袋上下同时发菌，可缩短发菌时间，但要加强菌袋内的供氧量）、袋表面扎孔接种法（一般用于像香菇似的长菌棒，每孔接种量均要达20毫升）等。

图12-16　液体菌种接种室

菌袋接种后就移入发菌室进行发菌管理。温度过高过低，都会在一定程度上影响菌丝生长。一般发菌室的起始温度控制在20℃左右，经7天左右，再逐渐提高至22℃左右，空气相对湿度调控在65%～70%，每天通风3～4次，每次通风30分钟左右，保持二氧化碳体积分数在0.4%以下 。发菌期间不需要光照，因此应保持黑暗状态避光培养。发菌期间剔杂也是一项非常重要的工作，发现任何与正常菌丝性状不符的，诸如红、黄、绿、黑、灰等颜色的菌丝以及粉末状物质，均视为菌袋被污染，需及时清除。

第六节　菌种质量的鉴别

菌种质量的优劣，直接关系食用菌栽培的成败。在制种和使用时，应掌握好菌种质量标准和鉴别方法，以便择优去劣。鉴别菌种的优劣，除了观察菌丝形态特征和生长特性以外，最可靠的方法是进行小面积的出菇试验，如果该菌种产量高，质量好，即为优质菌种。以下简要介绍几种食用菌的外观鉴别指标，供生产者参考。

一、食用菌母种的外观鉴别

几种食用菌母种的外观鉴别指标见表12-1。

表12-1　几种食用菌母种的外观鉴别指标

菌种	外观鉴别指标
双孢菇	气生型：菌丝雪白，直立、挺拔，呈绒毛状，分枝少，外缘整齐，有光泽，基内菌丝不明星，菌丝生长较快。 贴生型：菌丝灰白色，紧贴培养基延伸，纤细、稀疏，呈束状或树根状，分枝多，基内菌丝明显，菌丝生长较慢。 镜检时，菌丝有隔膜和分枝，形似腊肠，不产生锁状联合
香菇	菌丝洁白，呈棉絮状，初时较细，色较淡，后逐步粗壮变白。有气生菌丝，有爬壁现象，不产生色素。 镜检时，菌丝粗细不均匀，有隔膜，具锁状联合结构
木耳	菌丝白色至米黄色，呈棉絮状，平贴培养基生长，菌丝短，整齐，生长旺盛，满管后培养基呈浅黄色至茶褐色，见光情况下，斜面边缘或表面出现胶质琥珀状原基。毛木耳老化时有红褐色、珊瑚状原基出现。 镜检时，菌丝粗细不均，有根状分枝，且分枝较多，有锁状联合，可见到钩状或马蹄状分生孢子

续表

菌种	外观鉴别指标
草菇	菌丝纤细，灰白色或黄白色，半透明，有丝状分枝，稀疏有光泽，似蚕丝，生长速度快。气生菌丝多，爬壁能力强，培养后期产生红棕色的厚垣孢子团块。 镜检时，菌丝呈半透明状，有直角分枝和明亮节状隔膜，粗细不均，无锁状联合
金针菇	菌丝白色，粗壮，呈细棉絮状。有少量气生菌丝，稍有爬壁能力；后期易产生粉孢子，外观呈细粉样，低温保存时，容易长出子实体。 镜检时，菌丝粗细均匀，有锁状联合，锁状突起呈半圆形
平菇	菌丝白色，浓密，粗壮有力，气生菌丝发达，爬壁能力强，生长速度快，不分泌色素。低温保存，能产生珊瑚状子实体。 镜检时，菌丝粗细不匀，分枝多，锁状联合到处可见，锁状突起呈半圆形，多在分枝处产生
猴头菌	菌丝白色，初期生长较慢，呈绒毛状，向四周放射延伸。菌丝紧贴培养基表面，不爬壁，无气生菌丝，嗜酸性培养基，斜面易形成子实体。 镜检时，菌丝粗壮，粗细均匀，分枝多，锁状联合多，且锁状大
银耳	银耳菌丝白色或淡黄色，生长整齐。气生菌丝直立、斜立或平贴于培养基表面，基内菌丝生于培养基里面，生长速度比一般食用菌缓慢。有时会在培养基表面出现缠结的菌丝团，并逐渐胶质化，形成耳芽。 镜检时，菌丝纤细，粗细均匀，有锁状联合，锁状突起小而少。 香灰菌丝呈白色，羽毛状，爬壁能力较强。老菌丝变浅黄色或浅棕色，培养基逐渐由淡褐色变为黑色或黑绿色，并出现炭质的黑疤

二、食用菌原种与栽培种的外观鉴别

几种食用菌原种与栽培种的外观鉴别指标见表12–2。

表12–2 几种食用菌原种与栽培种的外观鉴别指标

菌种	正常菌种	劣质菌种
双孢菇	菌丝灰白色，密集，呈细绒状，粗细均匀，上下均匀，没有黄白色的厚菌被，有蘑菇特有香味	菌丝呈细线状或粗索状，变为淡黄或黄褐色，菌丝萎缩，生长无力，料内几乎见不到菌丝，料面出现厚厚的黄白色菌被

续表

菌种	正常菌种	劣质菌种
香菇	菌丝白色，棉絮状，生长均匀，旺盛，菌丝粗细相间均匀，末端成一平面。菌丝紧贴瓶壁，满瓶后有气生菌丝出现，有时会分泌酱油色液体	菌丝柱与瓶壁脱离，表面菌被变为褐色，菌种开始老化
木耳	菌丝白色，生长密集、均匀，粗壮有力，前缘平面整齐，上下一致，菌种与瓶壁紧帖，长满瓶后出现浅黄色的色素。黑木耳由下向上出现胶质耳基，毛木耳常在表面出现耳基	菌丝稀疏，瓶底积有黄色液体时为老化菌种，菌丝蔓延停止不前，有明显抑制线，则混有杂菌
草菇	菌丝黄白色，半透明，蓬松，分布均匀，密集，有褐红色的厚垣孢子产生	菌丝逐渐稀少，大量厚垣孢子充满料内，菌丝浓密如菌被，上层菌丝萎缩，菌丝稀疏，纤细如蜘蛛丝样
金针菇	菌丝白色，纤细密集，有时外观呈细粉状，长满瓶后，遇低温会出现丛状子实体	菌丝生长稀疏，菌种生活力减弱，菌丝不能向料内延伸，生长区与非生长区界限分明
平菇	菌丝白色，粗壮，密集，呈绒毛状，粗细相间，分布均匀，有爬壁能力，或刚形成少量珊瑚状菇蕾	菌丝生长稀疏，发育不均；菌丝柱收缩，瓶底有积液，生长缓慢，不向下延伸
猴头菌	菌丝洁白，浓密，上下均匀，表面易形成子实体	菌丝稀疏，萎缩，菌丝纤细，下层菌丝生长不均匀，菌柱收缩，瓶底有积液
银耳	银耳菌丝旺盛，香灰菌丝生长健壮，两者分布均匀，有黑白相间的花斑，黑色色素多，黑色斑纹多，出现洁白的棉毛团和耳基	香灰菌丝稀疏，不深入瓶中，只见香灰菌丝不见褪耳纯白菌丝；下半瓶菌丝正常，上半瓶菌丝消失；耳基呈淡红色，产生大量红褐色液体

第七节　菌种的分离与繁殖

在自然界，食用菌始终与许多细菌、放线菌、霉菌等生活在一起。因此要获得高纯度的优良菌种，就必须用科学的方法把食用菌从这些杂菌的包围中分离出来。食用菌的分离方法，一般有孢子分离法、组织分离法和基内菌丝分离法3种，可根据不同的菌类和生产条件，分别采用。

一、孢子分离法

孢子分离法是利用食用菌成熟的有性孢子（担孢子、子囊孢子）或无性孢子（厚垣孢子、节孢子、粉孢子等）萌发成菌丝、获得纯菌种的一种方法。该方法又分为单孢分离法和多孢分离法两种。

（一）单孢分离法

取单个担孢子接种在培养基上，让它萌发成菌丝体而获得纯菌种的方法，生产上一般不采用，这里不作介绍。

（二）多孢分离法

把许多孢子接种在同一培养基上，让其萌发，自由交配来获得纯菌种的一种方法。生产上常用的有以下两种收集方法。

1. 种菇孢子弹射法

将种菇消毒后，菌褶朝下插入孢子收集器内，移入25℃左右恒温箱内，培养一段时间，种菇的菌盖展开，孢子便从菌褶上降落到培养皿内，用无菌接种针挑取少量孢子，在试管斜面上划线接种，置于适温下培养，待孢子萌发生成菌落时，选取萌发早、长势旺的菌落进行转管培养和纯化。

2. 钩悬法

取成熟菌盖的几片菌褶或一小块耳片（黑木耳、毛木耳、银耳），用无菌的不锈钢丝（或铁丝）悬挂于三角瓶内的培养基上方，勿使它接触到培养基或四周瓶壁，并将瓶置于该菌适宜的温度下培养。待成熟的孢子落到培养基上，立刻在接种箱中移去菌褶或耳片，孢子继续在瓶中培养，当长出可见的菌丝后进行转管培养。

二、组织分离法

组织分离法是用食用菌子实体或菌核、菌索的一部分组织分离纯菌丝的方法。

（一）子实体分离

利用子实体内部组织进行分离，是获得纯菌种最简便的方法。选择具有优良性状的种菇，用无菌水冲洗几次，并用滤纸吸干，或用75%乙醇棉擦拭菌盖与菌柄2次。然后把种菇撕开，用消毒小刀在菌盖与菌柄交界处或菌褶处切取一小块组织，用接种针将组织块放入盛有培养基的试管斜面中间，置于适温下培养。当组织块上产生菌丝，并向培养基上生长时，即可挑取斜面的菌丝进行转管培养和纯化。

（二）菌核分离

茯苓、猪苓等菌的子实体不易采集，可用菌核分离。将菌核表面洗净，用75%乙醇棉消毒后，切开菌核，取中间黄豆大小的1块组织，接种到试管斜面上，在适温下培养，产生菌丝后进行分离纯化。

（三）菌索分离

菌索分离常用于蜜环菌的分离。选新鲜的活菌索，用75%乙醇棉将菌索表面轻轻擦拭2～3次，然后去掉黑色外皮层（菌鞘），抽出白色菌髓部分，用无菌剪刀剪一小段，接入培养基上，在适温下培养。菌索比较小，分离时容易污染杂菌，可在培养基中加入青霉素或链霉素。

三、基内菌丝分离法

基内菌丝分离法，就是利用食用菌生育的基质作为分离材料而获得纯菌种的一种方法。该方法又可分为菇木（耳木）分离法和土中菌丝分离法。

（一）菇木（耳木）分离法

将选好的菇（耳）木锯成1～2厘米厚的横断木块，除去树皮和无菌丝的心材部分。将木片浸入0.1%升汞溶液中，经15～30秒钟，然后用无菌水冲洗2～3次，用无菌纱布将水吸干，放在另一块无菌纱布上，用灭过菌的解剖刀把木片劈成火柴梗大小的种木块，用镊子夹取一块放入斜面试管内。参照组织分离法培养转管。

（二）土中菌丝分离法

土中菌丝分离法是利用食用菌地下的菌丝体，在培养基上获得纯菌种的一种方法。挑取清洁菌丝束的尖端、不带杂物的菌丝接种；反复用无菌水冲洗；在培养基中加入一些抑制细菌生长的药物，如1 000毫升培养基加入链霉素或金霉素40微克，或添加0.03%～0.06%的孟加拉红或0.1%的碲酸钾等。

无论采用孢子分离还是组织分离，分离所得的纯种，都要进行出菇试验，确属优良菌种才能用于生产，进一步扩大繁殖使用。